基于项目反应理论和量子智能算法的选题策略研究

钱锦昕　著

东南大学出版社
SOUTHEAST UNIVERSITY PRESS
·南京·

图书在版编目(CIP)数据

基于项目反应理论和量子智能算法的选题策略研究/
钱锦昕著.—南京:东南大学出版社,2022.4
ISBN 978-7-5641-9917-3

Ⅰ.①基… Ⅱ.①钱… Ⅲ.①量子力学 Ⅳ.
①O413.1

中国版本图书馆 CIP 数据核字(2021)第 273375 号

责任编辑:陈淑 责任校对:韩晓亮 封面设计:顾晓阳 责任印制:周荣虎

基于项目反应理论和量子智能算法的选题策略研究

著 者:钱锦昕
出版发行:东南大学出版社
社 址:南京四牌楼 2 号 邮编:210096 电话:025-83793330
网 址:http://www.seupress.com
电子邮件:press@seupress.com
经 销:全国各地新华书店
印 刷:江苏凤凰数码印务有限公司
开 本:700mm×1 000mm 1/16
印 张:10.5
字 数:202 千字
版 次:2022 年 4 月第 1 版
印 次:2022 年 4 月第 1 次印刷
书 号:ISBN 978-7-5641-9917-3
定 价:59.00 元

本社图书若有印装质量问题,请直接与营销部联系。电话:025-83791830。

目　　录

第 1 章

绪 论

1.1　研究背景

古今中外,考试是"知人""用人"的必要手段,因此它是影响社会发展的一个重要因素。考试测评不仅渗透于各行各业,也伴随个人生活长达几十年乃至一生。它也在评价教师、调整教学方法方面起着积极的作用。

实施一次测验,要经过命题预测、分析试卷质量、筛选试题等程序,传统的测验选题组卷是由相关科目教师自行命题、施测、评分,不仅工作量大、选题工作烦琐,而且缺乏科学性、规范性。试题编制及选择的主观性较大,命题教师容易根据个人的感觉来选题,他们的教学经验、对学生的了解程度、对课程的了解程度等都会影响对试题难度、区分度的把握。因此,分析试卷质量、筛选试题是测验设计的核心。为了提高测验设计的科学化程度,在心理测量领域,很多学者将数理统计的方法引入测验编制中,对测验的质量进行定量分析。

在心理测量学中,除了数理统计方法外,计算机技术也越来越多地被用于心理测量当中,语言测试就是一个很好的代表。计算机在语言测试中的应用是十分广泛的,从题库的建设到选题、试题保存、评分、评价都和计算机技术分不开,其中选题问题还和最新的心理测验技术紧密相关。

测验的编制离不开一定的心理测量理论的指导,测量界目前盛行的测量理论主要有经典测量理论、项目反应理论、概化理论。经典测量理论由于其自身的不足,逐渐被项目反应理论(Item Response Theory,IRT)取代;概化理论主要是用于对主观评分的测验进行分析,和选题研究的关系不大。近些年来,基于项目反应理论(IRT)的计算机辅助测验的研究得到了空前的发展。美国教育考试服务中心(Education Testing Service,ETS)研制的主要测验成果有 GRE、GMAT、TOEFL

和 CLEP,荷兰教育评价院(CITO)以及中国台湾的相关组织等在从事着这方面的研究,中国大陆在项目反应理论(IRT)模型应用方面的研究尚处于初级阶段,这说明中国大陆在这一方面的研究和推广工作才刚刚起步,远还没有形成规模。

测验选题问题求解的关键步骤是算法的实现,算法的优劣直接影响到试卷的优劣,因此选题环节得到越来越多的学者及考试机构的重视。对于一些大型考试,例如,大学英语四六级考试(CET)、汉语水平考试(HSK)、执业医师资格考试、律师资格考试、建筑师资格考试等,它们涉及的人员广泛,且意义重大,将影响参加考试人员的事业,因此必须提高这些大型测验的科学性。这些大型测验往往有多个约束条件或多个目标,如试题的题型、字数、时间、知识点掌握程度、知识点不能重复等约束条件,难度、区分度、测验信息量、选题算法的稳健度等要达到某个目标等,有些条件之间可能相互排斥,因此很多学者采用各种计算机科学技术对选题的算法进行了研究。目前,在心理测量界主要有两种策略用以解决选题问题:一是基于线性规划方法;二是基于启发式算法。近年来,随着心理测量学与计算机科学技术的发展,研究者开发出越来越多的选题算法,但是将量子智能算法用于选题的研究才刚刚起步,量子智能算法在其他优化领域已取得了不错的成绩。因此,本研究在前人研究的基础上,用项目反应理论建立目标函数,将量子遗传算法、量子粒子群算法、量子蚁群算法用于选题,并和相应的普通算法进行比较,探索量子智能算法的优越性,为选题人员提供参考。

1.2　选题理由

1. 为何对选题策略进行研究

选题即把心理测量技术和计算机技术结合起来,运用心理测量学、心理统计学的理论和方法建立试题和测验的心理计量学指标,再用计算机科学技术实现算法的过程。

世界上发达国家的大规模测试都有自己的题库,采用科学的算法进行选题,中国作为崛起中的国家,更应该科学地对待这个问题。传统的测验没有题库,选题采用手工方式,主观性大,缺乏科学性。题库的建立以及智能选题是考试命题工作的一次传统化向现代化的转变,包括命题组人员思维方式的转变,从过去的经验思维转变为科学思维,从散兵作坊式转变为产业化式,从粗放的管理转变为密集高效的管理。

试题的专业性编制和试题的属性参数是题库建立的两大关键因素,目前一些社会上的其他题库为了降低建题库的难度,多忽略了第二点,这样的题库和传统的手工组题相比,只是在选题的环节更快了,但是仍然缺乏科学性,影响选题的质量和考试的信效度。建立题库进行选题,势必能提高考试的科学性、严肃性和权威性,能够在院校招收学生和单位用人方面起到正确的指导作用,也为教学提供正确的反馈信息。

　　题库是选题算法研究的基础,题库建立后,就可以在题库中根据某种算法选取合适的试题进行选题,可以生成多份平行的试卷,这样试题的科学性和选题的高效性才能得到保证。题库的建设是一个动态的过程,建设完成的题库需要具有专业知识的人员不断汰旧更新,以保证试题的时效性,降低试题的曝光度。题库的潜在作用是非常巨大的:一是题库建成之后,可以在较长的一段时间内不用组织相关人员进行大规模的命题,只需要局部更新;二是一般的工作人员也可以轻松进行选题,节约了人力成本,降低了泄题的概率;三是可以形成多份平行试卷,可以在不同国家、不同地区使用平行试卷,体现出测验的安全性;四是能够对各年的考生水平进行纵向比较,为教学发展情况提供有利的证据。

　　目前,有些大型考试仍然采用人工评卷技术,例如 HSK,相比国外的语言测试发展,国内的语言测试,不论是 CET 还是 HSK,都和国外存在很大的差距。旧HSK 曾建立了题库并于 1998 年 12 月正式投入使用,由计算机自动生成的试卷开始应用于正式考试。但是,从 2009 年起,为了吸引更多的留学生来中国学习,国家汉办改革 HSK,推出新 HSK。新 HSK 与旧 HSK 相比,有了很大的改变,主要有以下几点[①]:不建立题库,试题使用一次性,试卷考后不再保密;不再组织考前预测;采用"平均分等值法"进行粗略等值。

　　新 HSK 的以上特点都有很大的弊端,其目前的题目是一次性题目,考完就作废,这样的方式对于题目的保密性固然起到了很大的作用,但是题目的科学性无疑存在很大问题。我们完全可以用科学的方法,比如控制曝光率、一次生成多份平行试卷用于施测等来加强保密性。另外,新 HSK 没有预测,不进行信度、效度的测算,粗略等值。这种考试系统容易导致试卷设计得不合理,被测试对象的真实水平不能被有效地反映出来,无法对试卷进行系统的分析,也不能为下一次考试提供有价值的参考。近三年来,新 HSK 每年在全球举办 8 至 9 次考试,并且 2013 年开始

---

① 　张晋军.新汉语水平考试(HSK)题库建设之我见[J].中国考试,2013(4):21-26.

每个月都有一次考试,对试题数量的需求较大,命题人员数量庞大,几乎每个月都有命题任务,试题消耗量巨大。同样是消耗巨大题量,新 HSK 应该更加考虑试题的科学性。测验绝不是若干试题简单地集中,标准化的测验中每一道题都必须经过一定的测验理论指导进行预测,试题相关参数达标,经过等值,再用计算机智能技术科学化筛选才能最终形成测验。

目前大型的测验中仍有很多不科学之处,HSK 只是一个例子,因此本研究对选题策略进行研究,以期未来的测验更加科学化、严谨化和智能化。

2. 为何将量子智能算法用于本研究

量子智能算法是在传统的智能算法中引入量子计算的方法,例如量子遗传算法、量子粒子群算法、量子蚁群算法、量子免疫算法等。

在建立题库之后,编制测验的工作人员可以根据测验的约束条件(如题型、题数、字数、水平等级等)和心理测量学指标(试题的难度、区分度、信度、猜测参数)在题库中选取题目组成试卷。如何使组成的试卷既满足约束条件又达到良好的心理测量学指标,需要高效成功的算法去实现。

以往的研究者已经对选题算法进行了较长时间的研究,也产生了丰富的成果,比如最大测验信息函数挑选法、线性规划算法、随机算法、回溯算法、遗传算法等。最大测验信息函数挑选法较简单,但是大部分选题问题不仅需要满足测验信息量最大,还需要满足其他各种约束条件,因此此种方法挑选出来的试题可能因为满足不了其他约束条件而无效。线性规划算法虽然可以解决大部分选题问题,但是对于大规模的问题,很难在一定的时间内求得精确的结果,因为题库中的试题可能不能满足某个或某几个约束条件,或者是无法同时满足所有的约束条件。约束条件如果较多,那么各条件之间的相互影响就越复杂,线性规划问题就可能无解,程序的时间复杂度通常是 $O(2^n)$[①],所以要生成若干份平行试卷是比较困难的。例如,HSK 每个月都要举行,因此题库的规模应当相当大,用线性规划算法的时间复杂度巨大。

随着计算机技术的日益更新,不断有新的、改进的技术出现,量子智能算法就是一种最新的技术,主要有以下一些优点:①收敛时间短;②种群多样性增加,由于量子位的叠加表示,种群相比传统方法来说以指数倍扩大;③增加了优良基因的

---

① Cheng Y, Chang H H. Constraints Weighted Information Method for Severely Constrained Item Selection in Computerized Adaptive[J]. Applied Psychological Measurement,2006,1-20.

产生。普通算法中种群中每一个个体只有一次机会证明自己的优良属性,必须与其他个体杂交并产生更优秀的个体。如果优良基因恰好与较差基因配对,那么它就很有可能被淘汰。而在量子遗传算法中就完全不同,因为它操作的对象是个体的叠加态的表示形式,其后代的优良基因能够得到很好的遗传。量子智能算法已经广泛应用于物理、化学、地质、电信、生物等学科,并取得了较好的研究成果。量子智能算法用于选题尚处于起步阶段,只有李欣然和靳雁霞将量子粒子群算法用于选题,并获得比传统算法优秀的选题结果。量子遗传算法和量子蚁群算法也都已经被用于解决各类优化问题,并取得了比普通遗传算法和蚁群算法较好的结果,目前还没有学者把量子遗传算法和量子蚁群算法用于选题。本研究尝试将其用于选题,探索量子计算的三种算法是否会像它们用于其他领域一样取得较好的优化结果。

1.3 研究意义与研究目的

1.3.1 研究意义

1. 实践意义

考试是教学的一个重要环节,选题则是考试的一个重要环节,若是选题算法不好,则生成的试卷可能无效或者无法组成满足所有条件的试卷、算法无解等。好的算法可以节省时间且满足各项约束条件并达到选题目标。目前国家有多种大规模的考试,例如,HSK、CET、高中生的学业水平考试、执业医师资格考试、律师资格考试,这些考试都涉及考生的重大利益。如何保证每份试卷的质量都是合格的、平行的,所得到的结果是具有公平性的,这是本研究的重要实践意义。

2. 理论意义

研究试题库的选题策略,是一项将自然科学与教育科学、学术研究与教学研究相结合的研究课题,它运用心理测量学、心理统计学、智能技术的理论和方法,建立科学的成卷理论,借助于计算机科学的先进技术,利用人工智能的方法对已有的选题策略理论进行补充。总之,选题问题是一个多约束优化问题,虽然人们进行了长期的探索,但还没有得到令人非常满意的结果。本研究可以从理论上为选题问题的研究提供新的手段和方向。

1.3.2　研究目的

本研究在已有研究的基础上,采用项目反应理论和量子智能算法对选题策略进行进一步研究,研究的具体目标为:建立题库,根据测验蓝图,从题库中组出满足各项非计量学约束(内容、题型、题分),满足总分为 100 分,具有 100 道题目的测验。具体采用遗传算法、量子遗传算法、粒子群算法、量子粒子群算法、蚁群算法、量子蚁群算法对试题进行选择,一次生成若干份在分数线附近测验信息量比较大,并且测验精度相似的平行试卷。比较这六种算法的优劣,以期得到最优选题算法。

1.4　研究思路与主要内容

本研究首先对已有的国内外的选题方法进行了梳理,对项目反应理论和量子计算的相关理论进行了综述。其次建立模拟题库,采用六种算法进行选题实验。利用 MATLAB 2012 软件编写程序实现量子遗传算法、遗传算法、量子蚁群算法、蚁群算法、量子粒子群算法、粒子群算法。由于各算法中的参数取值对选题的结果有影响,因此需要进行参数设置,找出影响算法的参数,寻求使得各算法的选题结果最优的参数配置,并对量子遗传和普通遗传算法选题结果、量子粒子群法和普通粒子群法选题结果、量子蚁群算法和普通蚁群算法选题结果进行比较。最后,得出三组实验中最优选题结果,再进行最终比较,得到在分数线处测验信息函数、分数线附近信息量平坦度、选题时间、选题稳健度这几个指标方面最优的选题算法。

研究内容主要包括五章:

第 2 章　对项目反应理论、国内外选题策略、量子计算理论等进行了综述及梳理。

第 3 章　首先利用 MATLAB 2012 软件编写程序建立虚拟题库,题库包含题型、字数、难度、区分度、猜测参数。其中难度、区分度、猜测参数根据项目反应理论进行模拟。其次,求分数线处实际的测验信息函数表达式。具体方法为 HSK 分数线 π 取 0.6,采用项目反应理论的三参数逻辑斯蒂模型,求得分数线 0.6 处测验信息函数表达式,作为六种算法的目标函数。再次,用普通遗传算法和量子遗传算法分别进行选题实验。在进行选题实验时,对算法的参数进行实验设计,将算法的种群大小和迭代次数作为实验的自变量,采用双因素完全随机设计。将分数线处最大测验信息量和分数线附近测验信息量平坦度、选题时间、算法的稳健性作为选题算法优劣的指标。对选题的结果采用双因素方差分析。最后比较两种算法在几种选题指标上的优劣。

第 4 章　用普通粒子群算法和量子粒子群算法进行选题实验,由于这两种算法需要设置的参数都为四个,且每个参数可取的水平较多,因此可采用正交实验设计对算法的参数进行实验,对结果采用方差分析,寻找最优参数组合。最后比较两种算法在几种选题指标上的优劣。

第 5 章　用普通蚁群算法和量子蚁群算法进行选题实验,两种算法的参数为四个,且其中四个参数可取的水平数多达九个,为了实验设计的方便,所有参数都取九个水平,采用均匀设计对选题参数进行寻优,寻找使得选题结果最优的参数组合。最后比较两种算法在几种选题指标上的优劣。

第 6 章　将第 2、3、4 章中各自最优的选题算法进行比较,得到 HSK 组卷最优算法,进行研究总讨论,得出研究结论,总结本研究的创新点,提出本研究的不足和未来展望。

1.5　研究技术及方法与研究结论

1.5.1　研究技术及方法

采用 MATLAB 2012 软件编程,以项目反应理论为基础,建立模拟题库。采用 MATLAB 2012 编制六种选题算法程序,各参数下的选题结果采用 SPSS 19.0 软件进行方差分析、t 检验等。

1.5.2　研究结论

为了探索量子智能算法用于选题组卷方面的情况,本研究将普通遗传算法和量子遗传算法、普通粒子群算法和量子粒子群算法、普通蚁群算法和量子蚁群算法的选题性能两两进行比较。本研究是基于模拟题库的研究,采用项目反应理论的三参数逻辑斯蒂模型建立各算法的目标函数,各算法得到的选题结果采用方差分析进行差异显著性检验,分析影响选题结果的参数,得到算法的最优参数组合。在三对算法中选出较优的三种算法再进行比较,得到本实验最优的选题算法。研究结果充实了当前的选题策略理论,并首次成功将量子智能算法用于选题。方法论上,不仅在选题领域是个突破,而且还为人工智能在心理测量中的应用扩充了新的内容。主要研究结论有以下几点:

(1)遗传算法选题实验结果表明:虽然分数线处测验信息量比较大,但是多次选题的标准差也越大,算法不稳健。

(2)利用量子遗传算法的九种参数组合进行选题实验,进行结果分析和讨论后得出:若将分数线处测验信息量指标视为最重要,不考虑平坦度和时间,则可选择种群大小为80,迭代次数为500。若综合考虑三个指标,信息量要尽量大,平坦度也大,且选题时间短,则可以选择种群大小为80,迭代次数为300。

(3)采用 t 检验对普通遗传算法和量子遗传算法的分数线处最大测验信息量、分数线附近信息量平坦度进行分析,结果显示:在同样的种群大小和迭代次数下,普通遗传算法虽然在大部分情况下分数线处最大测验信息量大于量子遗传算法,但是,普通遗传算法选题的分数线附近信息量平坦度值显著小于量子遗传算法。另外,从选题时间、算法的稳健性的角度来看,量子遗传算法的选题时间大大短于普通遗传算法,稳健性大大优于普通遗传算法。因此,量子遗传算法用于选题的综合性能优于普通遗传算法。

(4)虽然粒子群算法用于解决其他优化问题时,c_1 和 c_2 取值使得优化结果不同,但是本研究首次采用方差分析法进行差异显著性检验,结果显示:采用粒子群算法进行选题时,c_1 和 c_2 取不同的值对分数线处最大测验信息量、分数线附近信息量平坦度和选题时间没有显著的影响,因此可以在[1,4]之间任意取值。

(5)量子粒子群算法选题实验结果表明:惯性权重 w_1 和 w_2 对分数线处最大测验信息量没有显著影响,但是对分数线附近信息量平坦度有显著影响。因此,选题时要考虑其取值,量子粒子群的最佳参数组合有以下两种情况:若是将分数线处最大测验信息量和分数线附近信息量平坦度指标视为最重要,则 w_1 的最佳取值为 1.2,w_2 为 0.3,粒子数量取 40,迭代次数为 700。若是综合考虑三个指标的重要性时,则 w_1 的最佳取值为 1.2,w_2 为 0.3,粒子数量取 40,迭代次数为 300。

(6)采用 t 检验对两种算法的分数线处最大测验信息量、分数线附近信息量平坦度进行分析,在分数线附近信息量平坦度上,两种算法没有显著差异,但是量子粒子群算法在分数线处最大信息量上大部分情况下(5 种)显著高于粒子群算法,其选题时间、选题稳健度方面都比粒子群算法略胜一等。因此,可以认为量子粒子群算法用于基于项目反应理论的 HSK 选题时,选题效果要胜出粒子群算法。

（7）量子蚁群算法选题结果表明:若是将分数线处最大测验信息量的重要性视为最大,则选择第一种参数组合（$\rho=0.1$，$Q=150$，$m=70$，$d=360$）;若是综合考虑三个选题指标,则第五种（$\rho=0.5$，$Q=250$，$m=50$，$d=200$）参数组合下的选题结果最优。

（8）采用 t 检验对蚁群算法和量子蚁群算法的分数线处最大测验信息量、分数线附近信息量平坦度进行分析,结果显示:量子蚁群算法在九种参数条件下,分数线处最大测验信息量显著优于普通蚁群算法,两种算法的分数线附近信息量平坦度没有显著差异。在算法的稳健性方面,对各算法下选题 20 次的分数线处最大测验信息量的标准差,试卷的区分度、难度、猜测度的标准差进行分析,结果显示在大部分情况下,量子蚁群算法的稳健性都优于普通蚁群算法。量子蚁群算法明显优于普通蚁群算法之处是其选题时间大大短于普通蚁群算法。因此,综合考虑各方面的算法评价指标,量子蚁群算法优于普通蚁群算法。

（9）对量子遗传、量子粒子群、量子蚁群三种算法用两种方法进行了比较,结果都表明:量子遗传算法虽然不是在所有评价指标上都为最优,但是在大部分评价指标上都显示为最优,特别是其选题时间要远远小于其他几种算法,因此将量子遗传算法作为本次选题的最优算法。

1.6　研究创新点与不足及展望

1.6.1　研究创新点

（1）首次在心理测量领域中采用量子智能算法进行选题。

（2）采用遗传算法和量子遗传算法、粒子群算法和量子粒子群算法、蚁群算法和量子蚁群算法进行选题比较研究。

（3）以往的参数设置研究大多数采用试探法及单因素方法,本研究首次对粒子群算法及量子粒子群算法的参数设置采用正交设计。

（4）对蚁群算法和量子蚁群算法的参数设置采用均匀设计。

（5）对算法选题稳健性从多角度进行了考查,提出算法稳健性指标包括多次选题的目标函数值的标准差,区分度 a、难度 b、猜测度 c 的标准差。

（6）由于测量总是存在误差的,因此我们不能把被试的能力值 θ_0 看作是一个点,而应看作是一个区间 $[\theta_{0-d}, \theta_{0+d}]$,应该考虑这个区间中的平均信息量。如果测量的误差较大,这个区间就较宽;如果测量的误差较小,这个区间就较窄。因此本研究提出了分数线附近平均信息量的平坦程度大小——平坦度的概念,作为评价算法优劣的一个指标。

(7) 对不同参数条件的选题结果进行方差分析差异显著性检验。因群智能算法每次运行得到的结果不是固定的,因此同一个参数条件下要运行 10 次到 20 次,以往的研究是将这 10 次到 20 次的结果取平均值来比较各参数条件下的选题结果,在各实验条件下没有考虑到随机因素的影响,因此本研究将引入方差分析方法,对分数线处最大测验信息量及分数线附近信息量平坦度进行差异显著性检验,能够挑出那些测验信息量没有显著差异,但是选题时间却相对短的选题参数组合,能够为选题人员提供重要信息。

1.6.2 研究不足及展望

(1) 本研究只是一个探索性研究,首次将各种量子算法引入 HSK 选题,算法方面可能还不太成熟。若是对普通算法进行改进,能否得到优于量子智能算法的选题结果,或者对量子智能算法进行改进,得到在各方面都大大优于普通算法的结果,这些设想是我们需要进一步研究的问题。

(2) 本研究在进行算法参数设置实验时,依据前人的研究选取了各参数的一些水平,若是参数取其他水平,是否还会继续得到更好的优化结果尚不得而知,但是考虑到目前的分数线处最大测验信息量已经达到目标,我们认为没有必要再进行更多参数实验,目前的测验误差最小都能控制在 0.16 左右,已经算是较好的结果。除非选题人员需要的测验误差极其小,可以进行进一步实验。

(3) 本研究的研究对象为 HSK 模拟题库,目前 HSK 还不太成熟,有一些约束条件还没有形成正式规范,因此在本研究中也没有考虑,例如,知识点的层次(识记、领会、运用、分析、综合、评价等)、知识点的重复问题等。另外,本研究为模拟研究,需要做大量的实验,因此很多试题的曝光次数必然会比较多,因此在这里暂不考虑曝光度,但是在实际应用中,将会根据试题上次被抽中的时间及总次数来进行曝光率的控制。若是考虑的约束条件越多,群智能算法的优越性就越能体现出来。因此,这些算法可以方便地用于其他各种大型考试。

第 2 章

选题策略相关问题研究综述

　　智能化选题将心理测验技术和计算机技术结合起来,在心理测量技术方面,运用了心理测量学、心理统计学的理论和方法,它涉及试题的心理计量学指标(试题的难度、区分度、信度、效度、项目信息函数等)和非计量学指标(题型、分值分布、答题时间、知识点等)。事实上,这些优化目标可能是相互矛盾的,例如难度最佳时可能试题的题型不能满足目标的要求,项目信息函数最优时题目的数量可能又不能满足要求。因此,必须在多个目标的共同作用下取综合的合理结果。这种多个目标在既定区域上的最优化问题通常被称为多目标优化问题(Multi-objective Optimization Problem,MOP)。

　　简单地说,选题问题就是把心理计量学指标(试题的难度、区分度、信度、效度、项目信息函数等)和非计量学指标(题型、分值分布、曝光度、答题时间、知识点等)结合起来,建立数学模型,采用合适的算法,借助于计算机的先进技术,实现用电子计算机生成试卷。

　　目前 HSK 仍然采用的是人工拼卷的技术,并且没有预测,试卷的信度、效度得不到保证,每次考试的试卷是否平行也不能保证,测评的合理性也存在很大的争议。因此通过智能化选题,在 HSK 这样大规模的考试中,可以保证每份试卷的质量都是合格的、平行的,所得到的结果是具有公平性的,是研究的重要实践意义。

　　选题的心理计量学指标的建立要依据相关的教育心理测验理论,目前经典测验理论(Classical Test Theory,CTT)和项目反应理论(Item Response Theory,IRT)是广泛应用的两种测验理论,以这两种测验理论为基础形成选题的约束条件,进而生成选题的目标函数,再结合其他非计量学指标用计算机智能算法寻求目标函数的最优值,是目前学界进行智能选题的主要策略。

2.1 项目反应理论相关综述

心理测量学是一门研究心理测验(Psychological Testing)与评估(Assessment)的科学,测量界目前盛行的测量理论主要有三种:一是经典测验理论(CTT);二是项目反应理论(IRT);三是概化理论。经典测验理论发展得最早,计算简单,但是其项目指标估计受样本的影响,难以准确真实地比较受试者的能力。项目反应理论(IRT),又被称作潜在特质理论(Latent Trait Theory),是一种新兴的心理与教育测量理论,是在批评经典测验理论局限性的基础上发展起来的。概化理论主要是用于对主观评分的测验进行分析,和选题研究的关系不大。因此,本研究涉及的测量理论主要是 CTT 和 IRT。

项目反应理论的发展结合了多人的努力。理查森(Richardson)首次提出了IRT 的参数估计问题并推出了很有价值的参数估计方法,这是 IRT 领域中最基本的理论问题;格特曼(Gutterman)于 1944 年提出了一种确定性模型——"无误差模型",后来成为 IRT 中项目特征曲线(Item Characteristic Curve,ICC)的雏形。项目特征曲线(ICC)是 IRT 的核心,IRT 其他理论都是建立在 ICC 之上。塔克(Tucker)首次正式定义 ICC,他在直角坐标系中把被试的某种维度(如能力、年龄)作为 X 轴,把某测验项目的反应作为 Y 轴,然后作出散点图,用一条平滑的曲线去拟合这些数据,ICC 就这样诞生了。标志着项目反应理论诞生的大事要数美国测量专家洛德在其博士论文《关于测验分数的一种理论》中,首次对项目反应理论做了系统地阐述。此后,1968 年洛德(Lord)和诺维克(Novick)在《心理测验分数的统计理论》中详细地阐述了项目反应理论中二、三参数的逻辑斯蒂(Logistic)模型和正态卵形模型,至此,项目反应理论形成了它的基础体系。20 世纪七八十年代,项目反应理论迅速发展,在基础理论与方法的研究方面、在解决大规模测验问题的应用研究方面、在计算机程序的编制方面都取得了令人瞩目的成绩,一直到现在也仍然是各大考试机构编制测验的标准。

采用经典测验理论来计算试题的心理计量学指标,如试题的难度,具有被试依赖性,因为题目的难度是用被试答对的比例来定义的,如果测验的内容一样,水平高的被试的得分就高,测验的难度就呈现为低;反之,如果由水平低的被试来参与测试,测试的难度就呈现为高,因此题目究竟是难还是易,取决于被试。因此,经典测验理论具有样本依赖性。另外,被试能力值的判断也取决于测验,具有测验依赖性。若测验简单,被试得分就低,说明被试的能力较差;若测验较难,被试得分就高,说明被试的能力较强。总之,被试的能力估计和试题的难度估计没有客观性,它们彼此牵制,因此测验的分数也无法得到等距的量尺。

因此,对经典测验理论的不足进行改进成为 IRT 的优点,IRT 的优点主要表现在以下几个方面:

(1) 试题参数(难度、区分度、猜测度)不因样本不同而异。

(2) 对考生能力的估计值不因测验难易程度不同而不同。

(3) 测量标准误的估计不因考生水平的不同而不同。

(4) 试题难度与个人能力估计值在同一量表上,方便测验结果的解释与预测。

(5) IRT 依据试题信息量(item information)及测验信息量(test information)来编制测验及评定测量的精确性,因此在考生能力评估上,IRT 比普通测验理论更为可靠。

因此,应用项目反应理论将会大大提高题库的质量。在评估测验的测量精确度方面,普通测验理论是用信度(reliability)及测量标准误(Standard Error of Measurement,SEM)来验证的。测量标准误是由信度推算得来的,但是信度的估算同时受试题参数及试题与其他试题间的关联程度的影响,因此测验编制者常无法决定某个试题的加入与否对该测验的信度影响如何,无法在建构测验时即掌握测验的测量精确度。

在 IRT 理论中,考生的潜在特质(即"能力")一般用 θ 表示,它可以表示考生的学业水平、智力、态度、人格等任何一个维度的心理变量。这些潜在心理变量如果不通过测验,我们很难得知它们的具体水平。项目反应理论希望建立一个能够反映被试潜在心理特质值与他们对于项目的作答反应之间的数学模型,因此"项目反应模型"顺势诞生。这种模型并不是一种确定型的模型,而是概率型模型,因为除了考生的"能力"会影响其对项目的作答情况外,很多随机因素也会造成影响,如环境、焦虑、声音、光线、考试技能等。所以,更准确地说,项目反应模型表示的是考生的"能力"和考生的测验项目"答对概率"之间关系的数学模型。可以认为,项目反应理论主要就是建立数学模型并且对模型中各个参数进行估计。

2.1.1 项目反应模型

根据数据性质的不同,项目反应理论主要有以下几种模型(见表 2-1):

表 2-1　IRT 模型

数据性质	理论模型
二值评分数据	潜在线性模型(Latent Linear Model)
	完全量尺模型(Perfect Scale Model)
	潜在距离模型(Latent Distance Model)
	单、双、三参数正态卵形模型(One-, Two-, Three-Parameter Normal Ogive Model)
	单、双、三、四参数 Logistic 模型(One-, Two-, Three-, Four-Parameter Logistic Model)
多值评分数据	名义反应模型(Nominal Response Model)
	等级反应模型(Graded Response Model)
	部分计分模型(Partial Credit Model)
连续性数据	连续型反应模型(Continuous Response Model)

本研究的研究对象是 HSK 测验,数据类型主要是二值评分数据,依据数据类型选择相应的模型,本研究主要采用逻辑斯蒂(Logistic)模型来进行数据分析,该模型主要包括以下几种:

(1) 三参数逻辑斯蒂模型:

$$P_i(\theta) = c_i + (1 - c_i) \frac{1}{1 + e^{-1.7a_i(\theta - b_i)}} \tag{2-1}$$

(2) 双参数逻辑斯蒂模型:当三参数中猜测度 $c_i = 0$ 时,三参数就变成了双参数模型。

$$P_i(\theta) = \frac{1}{1 + e^{-1.7a_i(\theta - b_i)}} \tag{2-2}$$

(3) 单参数逻辑斯蒂模型:当三参数模型中 $c_i = 0$, $a_i = 1$ 时,就得到单参数逻辑斯蒂模型。

$$P_i(\theta) = \frac{1}{1 + e^{-1.7(\theta - b_i)}} \tag{2-3}$$

单参数逻辑斯蒂模型又称拉希模型,是丹麦数学家拉希(Rasch)从一个不同的角度独立提出的心理测验模型。

上述式(2-1)～(2-3)中,

a_i 表示题目 i 的区分度(discrimination)参数 $(0 \leqslant a_i \leqslant 2)$;

b_i 表示题目 i 的难度(difficulty)参数 $(-3 \leqslant b_i \leqslant 3)$;

基于项目反应理论和量子智能算法的选题策略研究

c_i 表示题目 i 的猜测度(pseudo-chance parameter)($0 \leqslant c_i \leqslant 1$);

θ 表示受试者的潜在能力特质($-3 \leqslant \theta \leqslant 3$);

$P(\theta)$ 表示潜在特质为 θ 的受试者正确回答该题的概率($0 < P(\theta) < 1$)。

2.1.2 项目信息函数

依据经典测验理论编制的测验,测验编制者经常无法准确地掌握试题增加或删除对测验质量的影响,但在 IRT 中每一道试题所提供的信息量都是可以精确估算的,而且是独立于其他试题的,因此可以直观地观察到测验信息量的变化。IRT的试题难度与考生能力指标皆定义在同一量尺上,且测验的估计标准误(Standard Error of Estimation, SEE)也是由信息量计算而得,所以测验编制者可依据测验目标挑选在某些能力值上具有高信息量、低估计标准误的试题,精确地组出所需要的优质测验,因此使用信息函数建构测验的最大优势是可以依据该测验的目的,挑选试题信息量合适的题目组成理想的测验。

依据 Lord 及 Birnbaum 的定义,项目信息函数的公式如下:

$$I_i(\theta) = \frac{[P_i'(\theta)]^2}{P_i(\theta)Q_i(\theta)} \quad i = 1, \cdots, n \tag{2-4}$$

式中,i 为 n 个试题中的第 i 个试题;

θ 为考生的能力值;

$I_i(\theta)$ 为信息函数,代表试题 i 在考生能力值为 θ 时所能提供的信息量;

$P_i(\theta)$ 为具有 θ 能力值的考生答对试题 i 的概率;

$P_i'(\theta)$ 为 $P_i(\theta)$ 的一阶导数;

$Q_i(\theta) = 1 - P_i(\theta)$。

Lord 以三参数为例,将上述的试题信息函数改写如下:

$$I_i(\theta) = \frac{D^2 a_i^2 (1-c_i)}{[c_i + e^{Da_i(\theta-b_i)}][1 + e^{-Da_i(\theta-b_i)}]^2} \tag{2-5}$$

式中,D 为一常数,其值为 1.7;

a_i 为试题 i 的区分度;

b_i 为试题 i 的难度;

c_i 为试题 i 的猜测度。

由公式(2-5)可得知试题信息量的大小是受到 a_i,b_i,c_i 三者影响的。当区分

度 a_i 增大时,信息量增大;当难度 b_i 越接近被试能力值 θ 时,信息量越大;当猜测度 c_i 接近 0 时,信息量也将增加。如果 a_i 参数很小,c_i 参数很大,则该试题只能提供十分有限的信息量,我们便不考虑用此类试题。

当 c_i 为 0 时,$\theta_{max} = b_i$,亦即最大信息量出现在该试题的难度值对应的能力值点上;当 $c_i > 0$ 时,θ_{max} 将移至难度值稍大的位置。对应信息量最大值 θ_{max} 的能力值点,即是该试题最能准确测量的考生能力所在。

式(2-5)说明,项目信息函数的取值除随 θ 变化外,只受本项目的三个参数 (a_i, b_i, c_i) 的制约,不会受其他项目影响,这一点明显优于普通测验理论。在普通测验理论中,项目的区分度通过各项目得分与总分的相关系数来判定,信度的计算方法是测算两平行测验的相关系数,因此,测验中任何一个项目发生变化,则都要重新计算总分、区分度和信度。

2.1.3　测验信息函数

由测验信息函数的公式可知,项目信息函数具有可加性,每个项目对测验信息函数独立做出贡献,测验信息函数是项目信息函数的累加和。

Birnbaum 将测验信息函数(TIF)定义为:

$$I(\theta) = \sum_{i=1}^{n} I_i(\theta) \qquad (2-6)$$

即在某一能力值 θ 上的测验信息函数,为在该能力值 θ 上全体试题信息函数的总和。IRT 以试题信息量作为编制测验的选题依据。

根据专家的意见,我们可以确定标准误,得到目标测验信息函数。由于 θ 的取值分布呈现渐近正态性,因此测验信息函数在某一水平能力值 θ 上的值的平方根的倒数,是该能力水平估计值的估计标准误。因此被试能力值 θ 的估计标准误

$$SE(\theta) = \frac{1}{\sqrt{\sum_i I_i(\theta)}} \qquad (2-7)$$

这样被试能力参数 θ 的置信区间就可以表示为 $\hat{\theta} \pm Z_{a/2} SE(\theta)$,从而得出估计标准误跟测验信息函数值成反比。测验提供的信息量越多,估计标准误就越小,置信区间就越小,估计精度就越高[1]。

① 马丹凤.连续有界反应模型的项目参数估计[D].长春:东北师范大学,2009.

根据命题人员的要求,我们可以事先规定测验中,在某个能力值上的标准误不小于某个值(通常取 0.2),则该点的目标信息函数值为 25,编制测验时若信息函数大于 25,则相当于在普通测验中测验的信度达到 0.96 的水平。

因此,可将测验信息函数作为指标来完成选题,可以使得测验在一些能力值上的测验信息函数尽量达到指定的目标能力点上的测验信息函数,就能够按照测验的要求自主选择试题,显示出测验编制的科学逻辑。

另外,测验可依其对测量分数的解释方式分为两种,即常模参照测验及标准参照测验。标准参照测验是根据考试前所定的标准,解释测验结果,通常是设定一个分数线(cut-off score),作为是否通过测验的标准。这两种测验因其目的不同,IRT 的目标信息函数设定也不同。常模参照测验的目标信息函数设计,希望极大化地涵盖考生范围,故其曲线常是相当平坦的。标准参照测验的目标信息函数则希望在分数线对应的能力量尺附近,呈尖狭峰分配的曲线,亦即期望该份测验在分数线对应的能力量尺附近能够提供最大的信息量。

2.1.4　IRT 的测验编制步骤

基于 IRT 的选题程序主要是:先准备"测验说明"或"测验蓝图",说明测验的内容、范围、行为目标及题数的分配与时间等约束条件,再在已建好的题库中挑选合适的试题组成测验,然后检查其信度、效度,完成测验编制。

一个事先建立好的题库除了包含具体的项目外,还包括项目的各项参数(a_i,b_i,c_i)和项目信息函数,更完整的题库还会包含每一个项目的内容分类所属、题型分类、最后一次被采用的日期,以及已被使用过的次数等。

IRT 则以试题信息量作为编组测验的选题依据。Lord 针对使用信息函数编制测验提出如下的步骤[①]:

(1) 根据测验蓝图,决定想要的信息函数曲线,称作"目标信息函数曲线"。

(2) 先从题库中选取一组试题,其试题信息量的总和,能填满目标信息函数最难填满的区域,亦即是测验信息量最大的部分。

(3) 加入或删除项目,使信息函数尽量和目标信息函数拟合。

(4) 继续上面的步骤,直到得到满意的信息函数。

IRT 的测验编制,除了要使测验信息曲线尽可能与目标信息曲线吻合外,还要

---

① Lord F M. Practical applications of item characteristic curve theory [J]. Journal of Educational Measurement,1977,14:117-138.

满足项目的各种约束条件。例如,随着题目的增加,项目信息函数可能更接近目标信息函数,但是 HSK 的题目数量是确定的,除此之外,还有很多其他的约束条件。因此,如何权衡约束条件和目标函数,选择一种正确有效的算法进行选题是本研究要解决的关键问题。

2.2 国内外的选题策略研究进展

选题问题求解的关键步骤是算法的实现。算法的优劣直接影响到试卷的优劣。目前,在心理测量界主要有两种策略解决选题问题:一是基于线性规划的方法;二是基于启发式的算法。基于线性规划的方法主要有单纯形法(simplex)、0-1 线性规划法(0-1 linear programming)、网络流规划(net work-flow programming)等;基于启发式的算法主要有随机法(random)、回溯法(backtracking)、误差补偿策略、优先权策略、弱并行策略、数据挖掘和知识发现算法、遗传算法、贪心算法、模拟退火算法、鱼群算法、蚁群算法等。

2.2.1 基于线性规划的选题策略

线性规划法是运筹学的一个重要分支,它是辅助人们进行科学管理的一种数学方法,是研究线性约束条件下线性目标函数的极值问题的一种数学理论和方法。一般而言,求线性目标函数在线性约束条件下的最大值或最小值问题,统称为线性规划问题。满足线性约束条件的解叫作可行解,由所有可行解组成的集合叫作可行域。决策变量、约束条件、目标函数是线性规划的三要素。

1. 0-1 线性规划法

Votaw 是第一个把线性规划(0-1 linear programming)用于测验方面的人。此后,Feuerman、Weiss 和 Yen 把这种方法用于解决选题问题。Theunissen 模仿 Birnbaum 的测验中满足目标信息函数的问题写了一篇开创性的论文,该论文采用了 0-1 线性规划法。这篇文章启发更多的学者用线性规划法对选题问题进行建模。例如:Len Swanson 和 Martha L. Stocking 提出了离差加权模型(Weighted Deviations Model,WDM)。Jos J. Adema 和 Wim J. van der Linden 将线性规划引入测量领域,提出了一种在固定长度的测验中使得测验目标信息曲线保持相对形态的 Max-min 模型。Linden 和 Reese 还把 0-1 线性规划方法用于计算机自适应(CAT)中的建立选题约束条件。

0-1 线性规划方法与启发式算法的不同之处关键在于决策变量的定义,这些变量被用于构建目标函数,且约束条件也可以通过等式表达成优化的目标。假设有以下测验编制约束条件(见表 2-2):

表 2-2　选题约束条件

目标函数	约束条件
信息函数在分数线处最大	1. 事实型知识不多于 10 个 2. 应用型知识至少 10 个 3. 有 5 道图表题 4. 25 道题目 5. 词数总量不少于 1 500 个 6. 答题总时间不多于 60 min 7. 64 题和 65 题不能同时出现

上述选题条件可用数学模型表示,若 x_i 为决策变量$(i=1, 2, \cdots, I)$,若项目 i 被选中,则 x_i 为 1;若未被选中,则为 0。按照约束条件把题库按性质分为三个子题库,V_1 表示事实型知识的题库,V_2 表示应用型知识的题库,V_3 表示图表题。另外,数量性质的约束条件 w_i 表示项目 i 的词数,r_i 表示答项目 i 的答题时间。

因此,约束条件的模型为:

$$\max \sum_{i=1}^{I} I_i(\theta_0) x_i \qquad \text{在 } \theta_0 \text{ 点达到信息量最大} \qquad (2\text{-}8)$$

$$\text{s.t.} \sum_{i \in V_1} x_i \leqslant 10 \qquad \text{事实型知识} \qquad (2\text{-}9)$$

$$\sum_{i \in V_2} x_i \geqslant 10 \qquad \text{应用型知识} \qquad (2\text{-}10)$$

$$\sum_{i \in V_3} x_i = 5 \qquad \text{图表} \qquad (2\text{-}11)$$

$$\sum_{i=1}^{I} x_i = 25 \qquad \text{测验长度} \qquad (2\text{-}12)$$

$$\sum_{i=1}^{I} w_i x_i \geqslant 1\,500 \qquad \text{项目 } i \text{ 的词数} \qquad (2\text{-}13)$$

$$\sum_{i=1}^{I} r_i x_i \leqslant 60 \qquad \text{项目 } i \text{ 的时间} \qquad (2\text{-}14)$$

$$x_{64} + x_{65} \leqslant 1 \qquad\qquad 排斥项目 \qquad\qquad (2\text{-}15)$$

$$x_i \in \{0, 1\}, \, i = 1, \cdots, I \quad 变量范围 \qquad\qquad (2\text{-}16)$$

上述式(2-8)~(2-16)的表达方程是线性变量,因此,选题约束条件的优化问题就变成了0-1线性规划问题,决策变量 $x_i(i=1, 2, \cdots, I)$ 的最优值可以用标准 LP 软件计算或者用专用测试选题软件包,如 ConTEST。0-1线性规划问题的解是通过一个完整的分支定界来搜索的,这种搜索被称为是"NP-hard"。Fan 用该算法从含 3 000 个项目的题库中选择项目,组成了含 60 个项目的 6 份平行测验,每一份大概有 200 个约束条件,选题用时 11 min。

2. 离差加权模型[①]

Len Swanson 和 Martha L. Stocking 于 1993 年提出了离差加权模型(Weighted Deviations Model,WDM)。其一般模型如下:

$$\min\left(\sum_{j=1}^{J} w_j d_{L_j} + \sum_{j=1}^{J} w_j d_{U_j}\right) \qquad\qquad (2\text{-}17)$$

$$\text{s.t.} \qquad\qquad \sum_{i=1}^{N} x_i = n \qquad\qquad (2\text{-}18)$$

$$\sum_{i=1}^{N} a_{ij} x_i + d_{L_j} - e_{L_j} = L_j, \, j = 1, 2, \cdots, J \qquad (2\text{-}19)$$

$$\sum_{i=1}^{N} a_{ij} x_i + d_{U_j} - e_{U_j} = U_j, \, j = 1, 2, \cdots, J \qquad (2\text{-}20)$$

$$d_{L_j}, \, d_{U_j}, \, e_{L_j}, \, e_{U_j} \geqslant 0, \, j = 1, 2, \cdots, J \qquad (2\text{-}21)$$

式中,x_i 为决策变量,$x_i = 0$,表示第 i 题不入选;$x_i = 1$,表示第 i 题入选,$i = 1$, $2, \cdots, N$;

L_j,U_j 分别是第 j 个约束条件的下限和上限($j = 1, 2, \cdots, J$);

d_{L_j},d_{U_j},e_{L_j},e_{U_j} 是人工变量,分别表示 $\sum_{i=1}^{N} a_{ij} x_i$ 与 L_j,U_j 的正离差,即 d_{L_j},d_{U_j} 分别是 $\sum_{i=1}^{N} a_{ij} x_i$ 不足下限 L_j 的部分和超出上限 U_j 的部分,即不满足约束条件的部分;

① Swanson L, Stocking M L. A model and heuristic for solving very large item selection problems[J]. Applied Psychological Measurement,1993,17:151-166.

w_j 是第 j 个约束条件赋的权重，a_{ij} 的值与第 j 个约束的性质有关。

约束条件式(2-18)限制测验的总题数为 n；式(2-19)与式(2-20)分别代表了 J 个约束条件，其中对任意的 j 都是 $L_j \leqslant U_j$，实际上约束条件为 $L_j \leqslant \sum\limits_{i=1}^{N} a_{ij}x_i \leqslant U_j (j = 1, 2, \cdots, J)$，即：

$$d_{L_j} = \begin{cases} 0 & \sum\limits_{i=1}^{N} a_{ij}x_i \geqslant L_j \\ L_j - \sum\limits_{i=1}^{N} a_{ij}x_i & \sum\limits_{i=1}^{N} a_{ij}x_i < L_j \end{cases} \tag{2-22}$$

$$e_{L_j} = \begin{cases} \sum\limits_{i=1}^{N} a_{ij}x_i - L_j & \sum\limits_{i=1}^{N} a_{ij}x_i \geqslant L_j \\ 0 & \sum\limits_{i=1}^{N} a_{ij}x_i < L_j \end{cases} \tag{2-23}$$

$$d_{U_j} = \begin{cases} 0 & \sum\limits_{i=1}^{N} a_{ij}x_i < U_j \\ \sum\limits_{i=1}^{N} a_{ij}x_i & \sum\limits_{i=1}^{N} a_{ij}x_i \geqslant U_j \end{cases} \tag{2-24}$$

$$e_{U_j} = \begin{cases} U_j - \sum\limits_{i=1}^{N} a_{ij}x_i & \sum\limits_{i=1}^{N} a_{ij}x_i < U_j \\ 0 & \sum\limits_{i=1}^{N} a_{ij}x_i \geqslant U_j \end{cases} \tag{2-25}$$

约束条件越重要，w_j 越大，该约束条件满足的可能性就越大。当约束条件是目标信息函数时，a_{ij} 是第 i 题在能力水平 θ_0 时的信息函数值 $I_i(\theta_0)$；当约束条件是非计量学的要求时，

$$a_{ij} = \begin{cases} 0 & \text{第 } i \text{ 题不具有第 } j \text{ 个约束条件的性质} \\ 1 & \text{第 } i \text{ 题具有第 } j \text{ 个约束条件的性质} \end{cases}$$

离差加权模型(WDM)也是 0-1 整数规划问题，但它与 Wim J. van der Linden

和 Jos J. Adema 等人提出的 Max-min 模型不同的是它允许对约束条件有少量的不满足,但是要求违背约束条件的加权总量最少。

3. 分步离差加权模型[①]

因为离差加权模型(WDM)中的各约束条件的单位不同,根据各约束条件分别计算出的 d_{U_j} 和 d_{L_j} 的值往往不可比,因此有学者提出了分步离差加权模型。

分步离差加权模型将选题过程分解成两步:首先选出满分为 100 分,题型与分数、认知层次等非心理计量学指标尽量满足选题要求的试卷;其次在题库中挑选题型、内容等计量学指标相同但信息量贡献最大的试题用来替换已选出的试题。

分步离差加权模型第一步的模型称作模型Ⅰ:

$$\min\left(\sum_{j=1}^{J} w_j d_{L_j} + \sum_{j=1}^{J} w_j d_{U_j}\right) \tag{2-26}$$

$$\text{s.t.} \quad \sum_{i=1}^{N} s_i x_i = 100 \tag{2-27}$$

$$\sum_{i=1}^{N} s_i x_i + d_{L_j} - e_{L_j} = L_j \quad j = 1, 2, \cdots, J \tag{2-28}$$

$$\sum_{i=1}^{N} s_i x_i + d_{U_j} - e_{U_j} = U_j \quad j = 1, 2, \cdots, J \tag{2-29}$$

$$d_{L_j}, d_{U_j}, e_{L_j}, e_{U_j} \geqslant 0 \quad j = 1, 2, \cdots, J \tag{2-30}$$

式中,x_i 为决策变量,$x_i = 0$,表示第 i 题不入选;$x_i = 1$,表示第 i 题入选,$i = 1, 2, \cdots, N$;

s_i 为第 i 题的分数。

在解出模型Ⅰ后,选出共 n_t 道题目,求解模型Ⅱ:

$$\max \sum_i I_i(\theta) \tag{2-31}$$

$$\text{s.t.} \quad \sum_{i \in G_m} x_i = 1 \tag{2-32}$$

$$x_i \in \{0, 1\} \tag{2-33}$$

① 漆书青,文剑冰,戴海崎,等.题库智能化选题的心理计量理论与方法[J].心理学探新,1999,2:36-39.

式中，$I_i(\theta)$ 是第 i 题在 θ 上的项目信息函数值。约束条件式(2-32)共有 n_t 个约束条件，其中 G_m 是试题的集合，根据模型 I 选出 n_t 道题目后，可以把题库分成 n_t 个内容与题型和已选出的试题都相同的试题集合 $G_m(m=1,2,\cdots,n_t)$，因此式(2-32)要求另选出一题，与原来选出的试题题型和内容都相同。因此，模型 II 是在模型 I 已选出的试题的基础上，再选某一点上的测验信息函数尽可能大，且题型和内容分布相同的一批试题。

4. 网络流方法①

整数规划问题被定义为带决策变量的 LP 问题，除了 0 和 1，可以采取一个更大范围的整数的值，在特殊情况下，整数规划问题可以用网络流或运输问题的形式表示，使快速解决大规模问题成为可能，图 2-1 表示网络流模型结构的有向图。S_j 是供应节点，D_j 是需求节点。有向弧或箭头表示一个流向或从供应节点向需求节点运输的方向。对于每个弧，其中决策变量 x_{ij} 表示单元流从节点 S_i 到 D_j，约束条件制约在供应节点处可流通的单元流数目，以及需求节点的边界数量，或者制约沿着弧形从 i 到 j 的与单元流相关的花费。如果供应节点的数量等于需求节点的数量，决策变量只需取值 0 和 1。网络流问题又被称为分配问题。同时，在供给和需求节点之间可以增加转运节点，用来解决更复杂的问题。

供应节点　　　　　　　　　需求节点

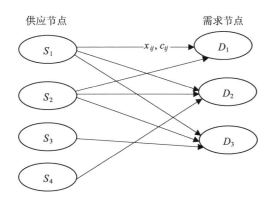

图 2-1　网络流规划图

① Armstrong R D，Jones D H，Kunce C S. IRT Test Assembly Using Network-Flow Programming[J]. Applied Psychological Measurement，1998，22(3)：237-247.

采用网络流规划方法解决问题时,一个重要的结果是,在解决松弛变量的问题时总有一个整数变量的值。这种方法是线性规划中著名的单纯形算法。此外,网络流问题的结构允许有效地利用单纯形算法,这种方法用于解决大规模问题时,在计算机上的计算时间不超过 1 s。

选题问题可以描述为网络流问题。例如,假设 $i = 1, 2, \cdots, n$,供应节点 S_i 代表项目需要的约束条件1,在表2-2中,表示测量事实型知识,如果 $i = n+1, \cdots, I$,就代表了该项目不测量此种认知水平。

此外,需求节点 D_j, $j = 1, 2$ 分别表示所选项目能够测量和不能测量事实型知识,决策变量 x_{ij} 表示项目 i 是($x_{ij} = 1$)或否($x_{ij} = 0$)流向需求节点 D_j 代表的测试部分。

最后,项目 i 到节点 D_j 的运输费用被定义为其在 θ_0 点的信息函数 $I_i(\theta_k)$,同时把问题从一个极小化问题转变成最大化问题。表2-2中选题问题的目标函数和约束条件1可以被构建为以下网络流模型:

$$\max \sum_{1=1}^{I} I_i(\theta_0) x_{ij} \quad \text{在 } \theta_0 \text{ 点达到信息量最大} \tag{2-34}$$

s.t.

$$\sum_{i=1}^{n_1} x_{i1} = 10 \quad D_1 \text{ 处的需求量} \tag{2-35}$$

$$\sum_{i=n+1}^{I} x_{i2} = 15 \quad D_2 \text{ 处的需求量} \tag{2-36}$$

$$x_{ij} \in \{0, 1\}, i = 1, \cdots, I, j = 1, 2 \quad \text{变量的范围} \tag{2-37}$$

$$\text{若 } i > n_1, \text{则 } x_{i1} = 0; \text{ 若 } i \leqslant n_1, \text{则 } x_{i2} = 0$$

大部分包含试题各种类别属性特征的选题问题可以采用网络流模型,需求节点代表不同项目类别属性的集合,不同属性类别的题目不需要建立分题库,因为可以添加转运节点,这种方法是很灵活的。事实上,现实中的问题可能涉及数以千计的变量(项目的数量可能是需求节点数量的很多倍),但是一般来说,这样的大规模问题,用网络流方法可以很快将其解决。

然而,涉及题目数量属性的问题更难建立模型。有一种方法是把网络流问题嵌入启发式方法中,例如,使用拉格朗日松弛法,所有的数量约束条件从约束条件的集合中去除,添加到目标函数中作为惩罚项次拉格朗日乘子。例如,表2-2中的约束条件 5 添加到目标函数方程：

$$\max \sum_{i=1}^{I} I_i(\theta_0) x_{ij} - \lambda \left(1\,500 - \sum_{i=1}^{I} w_i x_i\right) \qquad (2\text{-}38)$$

这种方法通常是不断循环直到找到一个合适的惩罚值 λ 或者提高当前 λ 值直到获得满意结果。这种方法的计算时间通常很快并且接近最优状态，但可能会违反某些约束。满足多目标约束的选题问题并不是都能利用网络流方法就能解决，因此，把网络流方法嵌入启发式方法是一个很好的解决方法。

将网络流编程模型与拉格朗日松弛算法用于选题的典型代表是 Armstrong Jones 和 Wang，在他们的研究中，几乎所有的例子计算时间不到 2 min。Armstrong Jones 和 Kunce 用同样的方法组成了一系列的平行试卷，另外还有 Boomsma 和 Veldkamp 等学者也采用了该方法。

0-1 线性规划的一个优点是比较灵活，大部分的选题问题都可以用 0-1 整数规划方法来建模。建模是唯一步骤，一旦模型被建立，就可以开始计算了，不需要进行调整。但是，在速度和最优化结果之间有一个权衡的问题，对于大规模的问题，很难在一定的时间内求得精确的结果，因为题库中的试题可能不能满足某个或某几个约束条件，或者是无法同时满足所有约束条件。如果约束条件较多，那么各条件之间的相互影响就越复杂，线性规划问题就可能无解，程序的时间复杂度通常是 $O(2^n)$，所以要生成若干份平行试卷是比较困难的。但是如果搜索算法得当的话，近似最优解可能在数分钟之内可以求得。

网络流最大的优点就是速度快，如果选题能够用网络流模型建模，大规模的问题在数秒之内就可以得到较精确的解，如果单用网络流模型不能解决的问题，我们可以把网络流和启发式算法结合起来求解。该求解仍然只需要数秒，但是缺点是求得的解可能是近似最优解并且可能无法满足某些约束条件。

因此，线性规划方法有很多的不足，它需要有明确的数学模型，有较强的数学特征的限制，如该类模型需要目标函数和约束条件都是线性的；需要应用者具备较高的数学素养，要先对优化问题的优化解进行数学建模，然后再根据模型进行算法设计，这无形中就加大了其应用的难度。它是一种精确、确定性的算法，每步搜索都要对优化问题的目标函数和可行解有充分的认识。由于算法的局限性，它只能通过降低某些约束条件的难度来获得最优解，那么对于一些硬性规定的问题往往无法获得最优解，这种算法的局限性就凸显出来了。

第 2 章 选题策略相关问题研究综述

025

2.2.2 基于启发式算法的选题策略

线性规划的局限性在一定程度上反映了其数学理论的局限性,于是很多研究者着力于开辟新的道路,试图找出一种并不需要事先预知选题优化问题的优化解的数学特征。启发式算法便是一种快速有效的近似算法,它不需要有确定的数学模型,也无须求得非常精确的解,但是能够在有限的时间内获得近似最优解。

1. 传统启发式算法选题策略

(1) 随机算法

随机算法就是在一定的约束条件下,随机地在题库中搜寻符合条件的试题,不断循环查找,直至组成一份完整的试卷。选题有可能成功,也有可能会因为不能满足某个或不能同时满足几个约束条件,难以达到预期的要求,而导致选题失败。但是该算法因为简单而被广泛地应用。

该方法的思想是只要能组成满足约束条件的试卷,就算成功,虽然算法简单,选题速度快,但是缺乏严谨性和科学性,它不存在最优化的思想,所以常导致试题的重复率偏高,选题成功率低,选题时间过长。

(2) 回溯试探算法

该算法的具体做法是在用随机法抽取的试题基础上,对抽取过的试题的每一个状态类型保持记录,若搜索失败,则释放之前记录的状态类型进行试探,如此循环,不断地回溯试探,直至选题完毕或回到出发点。

这种方法选题的随机性较差,对大型的题库系统不适用,只适用于题量较小的题库,且程序的结构较为复杂,占用内存高,选题的时间较长。

(3) 优先权策略

该算法在选题的初始阶段,对于试题的约束条件的范围较大,相互之间的制约不会很明显,然而随着选题进程的进行,题量的增加,约束条件的取值范围逐渐缩小,约束条件之间的矛盾便显露出来,该算法便会优先考虑满足某些条件以缓解各约束之间的冲突。通常考虑题型的平均分数、试题数量、完成率、累计值与指标值差距四个方面,来综合评价每道试题的优先权。但是,有时还是存在无法克服的冲突,且该选题算法速度较慢。

(4) 误差补偿策略

误差补偿策略的思想是,当选题时某些约束条件不能完全达到要求时,就适当地对条件进行松弛,允许试题的约束条件和预期值有些误差。这个误差是人为定的,因此,虽然该算法能够增大选题的成功率,提高选题的效率,但是误差的区间有很大的主观性,若误差过大,将导致选题不精确,降低了试卷指标的科学性;若误差较小,则可能起不到缓解约束条件冲突的作用,使计算机进入死循环。

2. 群智能优化算法选题策略

智能优化算法是一种受到自然界生物的活动规律的启迪而产生的一种特殊启发式算法。在自然界中存在很多优化现象,如"优胜劣汰",蚂蚁根据群体留下来的信息素来进行最优觅食路径的选择等,这一切都引起了研究人员的注意并将这些原理运用到计算机技术中,于是就产生了各类高效的仿生算法。

(1)基于遗传算法的选题策略

遗传算法及改进的遗传算法是目前学界用于选题应用得最多的算法,遗传算法(Genetic Algorithm,GA)是 Michigan 大学 J. Holland 教授于 1975 年提出的,是一种通过模拟自然进化过程搜索最优解的方法,现已被广泛用于求解最优化问题,并取得了巨大的成功。与传统选题方法相比较,遗传算法用于解决选题问题有其独特的优点:"它运算速度快,容错性强,搜索过程与变量无关,采用直接编码的方式,对结构对象进行操作。对搜索空间无特殊要求,适用范围较广。"[1]

普通的遗传算法由于自身的很多缺点,如在进化初期,由于种群规模的限制,经常会出现较多的相同优良个体,种群不具有多样性,导致算法只能收敛于局部最优解,导致"早熟"现象的发生。因此,很多学者对其进行了各种改进,近年来,基于CTT 并将改进遗传算法用于解决智能选题问题的研究成果颇为丰富。

普通遗传算法的流程包括编码、生成初始种群、适应度函数测评、遗传操作(选择、交叉、变异)、终止条件判断。除了采用不同的编码方式之外,学者主要对传统遗传算法的遗传操作部分进行了改进,主要分为以下几类:

① 动态自适应技术:遗传算法的参数中,交叉概率和变异概率的选择是影响遗传算法行为和性能的关键所在,直接影响算法的收敛性。交叉概率越大,新个体产生的速度就越快。然而,交叉概率过大时遗传模式被破坏的可能性也就越大,使得具有高适应度的个体结构很快就会被破坏;但是如果交叉概率过小,会使搜索过程缓慢,甚至会过早停止搜索。如果变异概率过小,产生新个体的概率就会减小;

---

[1] 裘德海.基于遗传算法智能选题系统的研究与实现[D].南昌:南昌大学,2010.

第 2 章 选题策略相关问题研究综述

如果变异概率过大,遗传算法便与完全随机算法没有区别。

因此,有学者采用自适应遗传算法,该算法的变异概率和交叉概率能根据适应度相应改变。该方法的思想是"若群体中各个体的适应度存在趋向于局部最优,则变异概率和交叉概率就自动增大;若群体中的各个体的适应度较难集中,则变异概率和交叉概率就自动减小。若它们较小且适应度值比群体的平均适应度值高,则这些个体将被保留下来进入下一代;变异概率和交叉概率相对较大,且适应度值低于群体适应度的个体将被淘汰"。

石中盘、韩卫最早将自适应遗传算法引入选题问题,他们建立了一种基于概率论和自适应遗传算法的智能抽题算法的数学模型,此算法首先以概率论为基础优化初始参数,然后用自适应遗传算法进行抽题操作。此后,很多学者认为基本的自适应遗传算法还是有很多缺陷,因此从不同的方面改进它。王友仁、施玉霞等提出了一种基于自适应多点变异混合算法的智能选题方法。路景提出了基于种群多样性度量的自适应遗传算法。孟朝霞将免疫算法和自适应算法结合起来,利用自适应免疫遗传算法,运用抗体克隆、高变异策略,实现选题问题的多目标优化。黄宝玲提出了基于自定义的约束权重比的自适应遗传算法。宫磊、赵方提出了一种基于正弦形式遗传算子的改进自适应遗传算法。

自适应遗传算法通过动态调整交叉算子和变异算子的模式重组和模式生存能力,从而使群体的整体性能得到了提高。但是,自适应遗传算法没有从根本上提高算法的搜索能力,它缓解"早熟"现象的效果并不理想。

② 小生境技术:运用遗传算法求解较复杂的问题时,如多峰问题,通常不能找到全局最优解或离全局最优解差距较大,但有时根据具体的问题要求希望算法找出局部最优解和全局最优解,普通的遗传算法则无法做到这一点,因此有学者在遗传算法中引入小生境技术。

小生境在生物学中是指在特定环境下生物的某种生存环境,在生物的进化过程中,它们总是选择与自己相似或相同的物种群聚生存并且繁殖下一代。"在遗传算法中借用小生境的概率能够在一个特定的生存环境中进化遗传算法的个体,从而解决此类问题,以便找出更多的最优解。"①

王淑佩最早将小生境技术与自适应遗传算法相结合并进行智能选题。实验结果表明,该算法在 100 次随机测试中全部能够在较短的时间内完成选题,选题效率

---

① 尹琪.基于遗传算法的智能选题研究[D].哈尔滨:哈尔滨工程大学,2008.

高、成功率高,且算法对初值不敏感,具有较好的鲁棒性。因此,此后不断有研究者在选择算子时采用小生境技术。例如周文举、尹红卫、徐江涛、陈梅、任学惠等。也有学者对此前的小生境技术提出改进,例如胡海峰、何伟娜提出了一种新的选题算法,"这种算法结合了共享技术、拥挤技术和聚类分析法,可以有效地搜索多模空间的多个极值点,同时可以通过调节拥挤因子控制收敛到的生境数目,避免找到无效的极值点,该算法无须事先确定生境的数目和生境的大小。"①

小生境算法将算法种群的多样性置于首位,尽量使每个个体之间保持差异,但是小生境算法只是在一定程度上减少了"早熟"状况,并没有真正解决算法陷入"早熟"的问题,并且这种策略使算法的收敛速度变慢,算法的复杂度增加,因此在解决某些问题时也不是最佳选择。

③ 混合遗传算法:针对单纯的遗传算法的不足,也有不少学者将两种或两种以上的算法结合起来,以达到提高选题质量的目的。

较多的学者将模拟退火算法和遗传算法结合起来,模拟退火算法的局部搜索能力较强,通过随机搜索和概率方法退火,在局部能够迅速收敛。但是模拟退火算法缺乏对搜索空间全局状况的了解,因此模拟退火算法的运算效率较低。但若能扬长避短,将遗传算法和模拟退火算法结合起来,则能产生一种新的全局搜索能力较强的算法。

也有部分学者将蚁群算法或者粒子群算法和基本遗传算法结合起来进行选题。遗传算法在进化初期时,速度较快,后期效率低下,进化减缓且成功率不高;而蚁群算法在初期迭代缓慢,但后期迭代速度逐渐加快。如果能将二者结合,无疑可以扬长避短,改进算法的性能。贺敏之首先运用数据挖掘技术,进行试题库预处理,提出了一种基于遗传算法与蚁群算法融合的智能选题算法。赵志艳也采用了这种方法,但是这种方法的问题是由 GA 转向蚁群算法的时间点的选择有很大的自主性,什么时候是最佳时机,值得进一步探讨。朱家静通过研究遗传算法和粒子群算法的特点将两种算法进行融合,初始化群体采用粒子群算法,之后以遗传算法为主,提出利用粒子群算法的个体极值和全局极值动态平衡群体进化的全局搜索和局部优化。②

还有学者将其他的一些算法和遗传算法结合起来,例如罗佳、张仁津、张贵明

① 胡海峰,何伟娜.改进小生境遗传算法在选题策略中的应用研究[J].喀什师范学院学报,2011,32(3): 65-67.
② 朱家静.基于遗传微粒群算法的选题策略应用研究[D].大连:大连海事大学,2011.

运用小生境技术及遗传-灾变算法形成混合遗传算法。朱剑冰、李战怀、赵娜将自适应遗传算法(Adaptive Genetic Algorithm，AGA)与位爬山法相结合,提高选题性能。在进化前期采用 AGA 进行全局寻优,增强 GA 的收敛速度同时避免 GA 的未成熟收敛。在进化后期启动位爬山法增强 AGA 的局部搜索能力。汤浪平将遗传算法和禁忌搜索算法相结合,把禁忌搜索算法的"禁忌"与"特赦"思想引入遗传算法中,不但可以实现"精英保留",而且具有记忆功能,限制个体被替换的频率。

(2) 基于粒子群算法的选题策略

粒子群算法也是一种被广泛应用的智能算法,它常常用于解决单目标优化问题,此时粒子群算法显示出良好的算法性能,但是选题问题是多目标优化问题,因此不能直接用粒子群算法来解决,只有将多目标的问题转化为单目标之后,才能用粒子群算法来求解。可利用灰色关联度来确定粒子群算法的个体极值和全局极值的选取,实现利用粒子群算法对多目标问题进行优化。阎峰首先将这种算法进行改进用于选题,并与 GA 算法进行了比较。实验结果表明,改进的粒子群算法应用于智能抽题策略,可直接通过速度和位置进行调解,较早地达到目标的最优分配,在运行时间及抽题优化结果上明显优于 GA,能更好地适应智能抽题策略的要求[1]。针对粒子群优化算法的粒子可能不满足其中一个或多个限制条件,有的学者引入惩罚函数,如违反知识点限制范围的惩罚值,违反答题时间条件范围的惩罚值,违反不同试卷相同试题数量的限制惩罚值等。

(3) 基于蚁群算法的选题策略

蚁群算法的基本思想是模仿蚂蚁在觅食行为过程中将信息素作为通信方式的社会行为。蚁群算法具有信息正反馈机制,在一定程度上加快了算法的搜索速度,因此该算法有较好的发现最优解的能力。另外,蚁群算法本质上是一种分步并行式的算法,个体之间的信息交流和传递的程度较高,发现最优解的速度也因此加快,很多能被表示为在图表上选择最佳路径的问题都可以用蚁群算法解决。

然而蚁群算法也存在一些不足,如算法的参数较多、算法的复杂度高、需要的搜寻时间比一般的算法长,主要是因为信息素的积累需要一定时间,初始时期的信息素匮乏。再者,蚁群算法搜索到一定程度后容易停止不前,对解的空间范围搜索能力不强。

① 阎峰.基于粒子群优化算法的智能抽题策略研究[J].中北大学学报(自然科学版),2008,29(4):333-337.

（4）基于人工鱼群算法的选题策略

人工鱼群算法是一种基于模拟鱼群行为的优化算法，卞灿在其硕士论文中将人工鱼群算法用于自动选题方面，并将其与遗传算法相比较，实验结果表明人工鱼群算法更优。但是他认为基于人工鱼群算法的智能选题的缺点主要有[①]：若题库中的试题增加时，算法的时间复杂度将增加，寻优的速度受到影响，因此为了提高算法的性能，要进一步协调好种群多样性和寻优空间之间的关系。

2.2.3 讨论

虽然这些学者将模拟退火算法、粒子群算法、蚁群算法等局部最优化的先进方法融合到遗传算法中，丰富了遗传算法的种群多样性，提高了全局最优化程度，给出了新的思路。但这些方法都是从最优化为思考切入点，尽管提高了种群数量和最优化程度，但这类算法大都与遗传算法融合得并不是十分紧密，在引入的同时增加了算法开销，无法使获取最优与复杂度达到预期的平衡点。

在以上的几种方法中，遗传算法是当前选题策略中研究得最多的一种算法，它是模仿生物界的进化规律而产生的随机搜索方法。该方法能解决随机算法的随机性，能从种群中选择更满足条件的个体，具有很强的智能性。同时，由于遗传算法具有内在的并行性，不会出现回溯试探法计算量大的问题。

判断选题算法的优劣通常从以下几个方面考虑：①模型建立的难易程度；②结果是否最优化；③约束条件的满足程度；④所需的计算时间。启发式算法所需的时间一般快于其他的算法，但是这种方法可能陷入"早熟"，结果可能不是全局最优解，并且可能无法满足某些约束条件。启发式算法不需要建立复杂的数学模型，但是对于一个新问题可能需要大量的时间去启发，比如说，如果目标函数是最小化离差加权，那么如何找到一堆约束条件中的最佳权重，可能需要耗费一些时间。

2.3 量子智能计算研究现状

计算是人类最重要的思维方式之一。不同于传统的计算方式，量子计算（Quantum Computation，QC）给人们的生活带来了全新的体验，完全颠覆了普通

---

① 卞灿.基于人工鱼群算法的智能选题研究[D].长沙：湖南师范大学，2009.

物理学对于世界的认知,这是一个涉及量子物理学、数学、认知科学、计算机科学、信息科学等学科的全新研究领域。

德国物理学家马克斯·普朗克(Max Planck)在 1900 年提出了量子假说。1982 年,物理学家贝尼奥夫(Benioff)和费曼(Feynman)试图将量子力学系统用于推理计算。1985 年,Deutsch 提出了第一个量子计算模型。从此,全世界很多研究者对量子计算着迷,不断对其进行探索研究,由此它成为一门具有巨大潜力的新兴学科,也是当前科学界最热和最前沿的学科之一。

关于量子计算的研究与应用在世界范围内正在火热地进行着,很多国家的政府都已经把量子计算作为重点发展的高科技项目而大力扶持。美国的国家标准化技术研究所、Los Alamos 国家实验室以及哈佛、麻省理工、牛津大学等世界著名高校都在进行量子计算研究。

从 1999 年开始,加拿大公司 D-Wave 一直致力于量子计算技术的研究。量子计算机速度比普通计算机快得多,普通计算机需要很多年都难完成的任务,量子计算机能够在一瞬间完成,目前即使是最强大的超级计算机,也无法超越它的运算速度,它还能够轻易地识别普通计算机无法识别的图像。2013 年 5 月 17 日,谷歌也宣布计划参与创办一个研究量子计算的实验室,这无疑为量子计算技术的发展增添了力量。

量子技术在我国尚处于初步阶段,尽管如此,在这门新兴学科的某些领域,我国已经处于世界领先水平。例如,"中国科技大学量子通信和量子计算开放实验室目前已经展示出了三项重大的原创性成果:一是在国际上首次提出概率量子克隆原理;二是在国际上首次建立量子避错编码理论;三是提出了一种克服量子消相干的新型量子处理器"[①]。

量子计算的并行性、指数加速特征、指数级存储容量显示了其强大的运算能力。量子理论中有关量子态的叠加、纠缠和干涉等特性,有可能解决普通计算中的许多难题,它以其独特的计算性能和强大的计算能力引起科技界的广泛关注。目前量子理论已被广泛运用在量子算法、量子密码术、量子通信等方面,并取得了巨大的成就。

在国际顶尖杂志 *Nature* 和 *Science* 上每期几乎都有量子理论的相关报道,也渐渐有一些研究者尝试将一些传统的研究课题融入量子领域或者与量子计算相结

① 李跃光.量子蚁群算法的研究及应用[D].兰州:兰州理工大学,2008.

合,以期得到全新的发现或认识。比如说,把量子计算引入传统智能计算中,出现了量子智能计算,由于量子的相干性、纠缠性、叠加性等特点,它处理信息的结果会明显优于传统的智能算法。随着量子计算的发展以及计算智能发展的某些局限性,两者结合而产生的量子智能计算技术势必会得到长足的发展。

Narayanan 和 Moore 等人将量子多宇宙的概念引入遗传算法中,提出了量子衍生遗传算法,并成功地解决了旅行商问题,为量子计算与智能计算的结合奠定了基石。另外,Narayanan 和 Moore 还提出了量子蚁群的概念,并将量子蚁群算法用于求解组合优化问题,取得了较好的效果。此后,Han 等人提出了一种用量子位的态矢量对遗传编码进行表达,并利用量子旋转门对染色体基因进行调整的算法,这种方法就是遗传量子算法;2001 年,Han 等人还提出了一种并行量子遗传算法用于求解组合优化问题。伊朗的 Khorsand 等人提出了一种多目标量子遗传算法,该算法在解决大部分优化问题时都有较好的适应性。

国内近年来各学科领域也逐渐开始进行量子智能优化算法的研究,并取得了一些成果。这些研究主要集中在优化问题、函数优化、信号处理、自动控制等方面。可喜的是,也有学者开始考虑将量子智能优化算法用于选题问题方面。李欣然、靳雁霞提出一种求解选题问题的带自适应变异的量子粒子群优化算法(AMQPSO),与遗传算法相比,他们所提出的算法在选题成功率和选题质量方面均具有更好的性能。2013 年,李欣然、樊永生又提出一种求解智能选题问题的改进量子粒子群算法。仿真实验表明,与标准粒子群算法和量子粒子群算法相比,所提算法在选题成功率和选题效率方面均具有较好的性能。除此之外,还没有学者将量子遗传算法和量子蚁群算法用于选题方面,因此也没有学者将这几种算法进行比较进而找到最优算法。

2.3.1 量子计算的基本概念

量子力学是一门复杂的学科,本节不过多讨论量子理论,只简单介绍与本研究的优化问题相关的基础理论。

在普通力学中,力学系统服从牛顿运动定律,一个系统的状态可用具体的位置和动量来描述。但是在量子力学中,由于微观粒子的波粒二象性,微粒系统的状态只能用概率的形式来表达,此时的系统不再是某种固定的状态,而是每种状态都有一定的概率,呈现出一种中间态。量子计算遵循概率算法,在概率算法中,各个状态都有相应的概率,被称为状态概率矢量,是基本状态改变的叫作状态转移矩阵,

两者相乘就可以得到一个新的概率矢量,并且量子算法要遵守量子态的概率幅平方和为1。量子力学采用 Hilbert 空间的波函数来描述微观系统的状态,任何一个量子态都可用 Hilbert 空间的一个矢量表示。在量子力学中,狄拉克(Dirac)提出了一种表示量子态的符号,用左矢(bra vector)|⟩、右矢(ket vector)⟨|来表示量子态的共轭转置。

(1) 量子位

计算机要储存信息,通常是以数据的形式来表示信息,在普通计算机中,信息的最小单元通常用比特(bit)来表示,比特通常又是以二进制形式的"0"或"1"来表示,并且对于具体的问题,比特包含的信息是确定的,不是"0"就是"1",没有其他方式。但是在二进制量子计算中,用量子比特(qubit)来表示信息储存的最小单元,量子比特能表达的信息远远大于"0"和"1"。由于量子世界中微观粒子状态的不确定性,一个量子位不但可以用"0"或者"1"表示,还可以是这两者的任意中间态,中间态以一定概率的"0"状态和一定概率的"1"状态重叠出现。一个量子系统内通常包括若干微粒,按照量子力学的观点,这些微粒运动形成的态空间由多个基本的量子态组成,态空间可以用 Hilbert 空间来描述,它能够表述量子系统的所有可能的量子态。

在量子计算中,用狄拉克符号|⟩或者⟨|来表示量子位的状态,以最简单的双态量子系统为例,为了获得量子的信息,我们需要对其进行观测,得到的量子状态坍塌到|1⟩或者|0⟩,或者中间态$|\varphi\rangle = \alpha|0\rangle + \beta|1\rangle$,其中 α 和 β 可以是复数,它们分别表示量子位状态|0⟩和|1⟩的概率,并且满足 $|\alpha|^2 + |\beta|^2 = 1$。由量子力学的基本假设可知,一个 n 位的量子储存器可储存由 2^n 个基态叠加的态,叠加态和基态的关系如式(2-39):

$$|\varphi\rangle = \sum_{k=1}^{2^n} C_k |S_k\rangle \tag{2-39}$$

式中,C_k 为叠加态 $|S_k\rangle$ 中的第 k 个状态的概率,并且满足 $\sum_{k=1}^{2^n} |C_k|^2 = 1$。

例如,一个三态的量子系统

$$\begin{bmatrix} \dfrac{1}{\sqrt{2}} & \dfrac{1}{\sqrt{2}} & \dfrac{1}{2} \\[3mm] \dfrac{1}{\sqrt{2}} & \dfrac{1}{\sqrt{2}} & \dfrac{\sqrt{3}}{2} \end{bmatrix}$$

根据量子计算特点,它可以表示为 2^3 种基态:

$$\frac{1}{4}\mid 000\rangle + \frac{\sqrt{3}}{4}\mid 001\rangle + \frac{1}{4}\mid 010\rangle + \frac{\sqrt{3}}{4}\mid 011\rangle + \frac{1}{4}\mid 100\rangle + \frac{\sqrt{3}}{4}\mid 101\rangle +$$

$$\frac{1}{4}\mid 110\rangle + \frac{\sqrt{3}}{4}\mid 111\rangle$$

因此,该叠加态为 $\mid 000\rangle$,$\mid 001\rangle$,$\mid 010\rangle$,$\mid 011\rangle$,$\mid 100\rangle$,$\mid 101\rangle$,$\mid 110\rangle$,$\mid 111\rangle$ 的概率分别为 1/16、3/16、1/16、3/16、1/16、3/16、1/16、3/16。

由此可见,由于量子系统的叠加态,通常 n 个量子位能够同时表示 2^n 种状态,因此,量子算法比传统的遗传算法达到最优解所需的种群数量呈指数倍的小。

(2) 量子门

量子门是对量子位的态进行变化的一组矩阵,变化所起的作用相当于逻辑门的作用,能够实现最基本的幺正变化的量子装置被称为量子逻辑门(即量子门)。量子门的操作符合幺正演化规律,它通常是一种可逆性的操作,这是量子计算的一个特点。常用的量子门主要包括量子受控非门(Quantum Controlled Not Gate)、量子非门(Quantum Not Gate)、哈达门(Hadamard Gate)、量子旋转门(Quantum Rotation Gate)。

哈达门:哈达门的常见表达式为:

$$\boldsymbol{H} = \frac{2}{\sqrt{2}}\begin{bmatrix} 1 & 1 \\ 1 & -1 \end{bmatrix} \tag{2-40}$$

量子非门:对一个量子位的态进行"非"变换,这样的矩阵成为量子非门,表示为:

$$\boldsymbol{X} = \mid 0\rangle + \langle 1 \mid = \begin{bmatrix} 1 & 0 \\ 0 & 1 \end{bmatrix} \tag{2-41}$$

量子受控非门:量子受控非门也被称作"异或"门,它有两个输入端,分别有一个量子位。受控非门的矩阵表达式如式(2-42):

$$\boldsymbol{C} = \begin{bmatrix} 1 & 0 & 0 & 0 \\ 0 & 1 & 0 & 0 \\ 0 & 0 & 0 & 1 \\ 0 & 0 & 1 & 0 \end{bmatrix} \tag{2-42}$$

量子旋转门：能对一个量子位进行旋转变化的量子门称为量子旋转门，如式
(2-43)：

$$U = \begin{bmatrix} \cos\theta & -\sin\theta \\ \sin\theta & \cos\theta \end{bmatrix} \qquad (2\text{-}43)$$

量子门的操作相当于遗传算法对染色体进行更新操作，也是一种启发式的进化寻优策略，父代中的最优个体和其状态的概率幅对子代的产生起决定作用。针对具体的问题需要选择不同的量子门，量子门的选择会直接影响到算法的进化性。

2.3.2 量子计算的特点

(1) 量子态叠加

量子态的叠加特性是量子力学区别于普通力学的一个重要特征。在普通力学中，对粒子的态的测量，其结果往往是确定性的。而量子力学认为对粒子的态的测量并不是简单确定性的，它是一种测量结果的概率分布。量子力学认为一个粒子的状态可以用波函数来描述，每次测量都无法预测下一次测量的结果，这种不确定性是受量子的态的叠加性影响的。可以认为普通力学中的粒子状态是量子力学中的一种特殊情况。

在传统计算机中，一般采用二进制的方式，用"0"或者"1"来表示储存信息的单元，储存单元是布尔状态的，某信息只能是两者之一，要么属于"0"状态，要么属于"1"状态。但是在量子计算机中，信息储存的基本单元是量子位，它表示的状态除了传统的"0"和"1"外，最重要的是它还能表示这两种状态的叠加态（或称中间态）。这种两种态的叠加在普通力学中可以成为一种新的态，但是在量子力学中，叠加也意味着一种状态。普通力学的叠加是一种概率的叠加，但在量子力学中的叠加意味着同一个量子系统的各种可能状态的概率幅的线性叠加。

量子系统的每个基态可使用满足平方归一性的量子概率幅表示，对量子基态经过叠加可以表示所有可能的量子态，利用状态转移矩阵和酉正变换可实现量子态的迁移也就是量子计算过程。

在传统计算机中，一个 n 位的储存器只能处于某种唯一的状态，而由量子力学的基本假设，一个 n 位的量子储存器可处于由 2^n 个基态叠加的态 $|\varphi\rangle$ 中。Hilbert 空间的态矢量 $|\psi(t)\rangle$ 可被用来描述微观量子系统的物理状态，假如 $\{|\varphi_i\rangle\}$ 是 2^n 维 Hilbert 空间的一组基态，基态组合可得到 Hilbert 空间的一个矢量叠加态

$| \psi \rangle = \sum_{i=0}^{2^n-1} c_i | \varphi_i \rangle$，也是量子系统中的一种可能存在态，$c_i$ 是基态 $| \varphi_i \rangle$ 相应的概率幅。另外，$\sum_i |c_i|^2 = 1$，这就是量子系统的态叠加原理。

（2）量子状态的相干

在量子系统中，相关和坍塌是密切相关的两个概念。基态通过线性叠加形成叠加态，这样的量子系统就是相干的。如果一个量子系统被人为地观察或者测量，叠加态将受到干扰而发生变化，该变化则被称为量子态的坍塌。在量子计算中，如果通过某种方式改变基态，进而改变各态的相对相位，相干状态因此消失，发生坍塌。例如，某情况下量子系统的叠加态为：

$$| \varphi \rangle = \frac{2}{\sqrt{5}} | 0 \rangle + \frac{1}{\sqrt{5}} | 1 \rangle = \frac{1}{\sqrt{5}} \begin{pmatrix} 2 \\ 1 \end{pmatrix}$$

假设通过量子门 $\boldsymbol{U} = \frac{1}{\sqrt{2}} \begin{pmatrix} 1 & 1 \\ 1 & -1 \end{pmatrix}$ 作用于上面的叠加态，作用后的结果为 $| \varphi \rangle = \frac{3}{\sqrt{10}} | 0 \rangle + \frac{1}{\sqrt{10}} | 1 \rangle$，通过对比前后的状态，我们可以得知，基态为 $| 0 \rangle$ 的概率幅约为 0.9，较之前增大了，而 $| 1 \rangle$ 的概率幅减小了。从上面所述我们可以知道，由相干的叠加态到另外一种基态，整个过程就是坍塌。

（3）量子纠缠

量子的纠缠特性是量子力学区别于普通力学的最具特色之处，很多学者正在利用该特性积极进行科学研究，比如说期望物体的瞬间转移。量子纠缠理论认为，处于纠缠态的粒子，无论相隔多么遥远，对其中一个粒子的量子位进行观测不但会影响它本身，也必然会影响到另一个粒子量子位的状态，并且这中间没有时间差，这两个粒子像是总是有某种神秘的关联，虽然并不存在实际上的物质联系，但是似乎两个粒子间有超越光速的秘密通信一般。

量子的纠缠特性是对于两个或者两个以上的复杂粒子系统而言的。如果两个或者多个子系统构成的态发生相互作用后形成的态不能用其子系统的张量积的形式表示，那么这个复杂系统就处于纠缠态。

以两个双态系统 a 和 b 为例，它们的叠加态分别为：

$$| \varphi_a \rangle = a_1 | 0 \rangle + a_2 | 1 \rangle \tag{2-44}$$
$$| \varphi_b \rangle = b_1 | 0 \rangle + b_2 | 1 \rangle$$

如果 a、b 系统相互之间没有影响,那么复合系统的状态一定是 a、b 系统的张量积。

$$|\varphi\rangle = |\varphi_a\varphi_b\rangle = |\varphi_a\rangle \otimes |\varphi_b\rangle$$
$$= (a_1|0_a\rangle + a_2|1_a\rangle) \otimes (b_1|0_b\rangle + b_2|1_b\rangle)a_1b_1|0_a0_b\rangle$$
$$+ a_1b_2|0_a1_b\rangle + a_2b_1|1_a0_b\rangle + a_2b_2|1_a1_b\rangle \qquad (2\text{-}45)$$

但是,具有纠缠性质的两个粒子系统会发生相互作用,该系统的状态可用式(2-46)表示:

$$|\varphi\rangle = \frac{1}{\sqrt{2}}|0_a0_b\rangle + \frac{1}{\sqrt{2}}|1_a1_b\rangle$$
$$|\varphi\rangle = \frac{1}{\sqrt{2}}|0_a1_b\rangle + \frac{1}{\sqrt{2}}|1_a0_b\rangle \qquad (2\text{-}46)$$

由此可见,这两个系统不能用张量积表示。如果量子系统处于式(2-46)状态时,对 a 系统测量可以得到其处在 $|0\rangle$ 态,那么此时系统 b 一定也处在 $|0\rangle$ 态。

第 3 章

基于 IRT 的遗传算法及量子遗传算法选题实验

本章将进行基于 IRT 的遗传算法及量子遗传算法选题实验,实验的目的为:

(1) 从虚拟题库中选择符合要求的题目,每套试卷中的题目根据约束条件来自动选取,约束条件包含题型、题数、题目分数、题目总字数小于 7 000 字。每份试卷总分为 100 分,包含 100 道题目。

(2) 一次抽出多套平行试卷,使题目的保密性得到保障。

(3) 探索遗传算法、量子遗传算法用于选题的性能。

整个选题的实验步骤为:首先按照项目反应理论建立题库;其次制定测验的约束条件,包括题型、题数、字数、分值、信息函数(目标函数)及测量误差;最后用智能算法从建好的题库中选题。其中算法参数的选择会影响选题结果,因此要设计实验进行参数选择。因第 4 章与第 5 章的题库和测验约束条件一致,因此在后文不再重复。

3.1 选题要求

3.1.1 基于 IRT 题库的建立

采用 MATLAB 2012 软件编写程序,用计算机模拟方法产生题库,题库的计量学指标参数包括试题的难度、区分度、猜测度,非计量学指标参数包括题型参数及字数参数。

建立 100 个题库,每个题库含有 7 000 道题目,一共有 7 种题型,每种题型 1 000 道。

本研究以新 HSK 考题的听力和阅读部分为研究对象,这两部分都是选择题,必然存在猜测因素,因此本研究主要采用 IRT 的三参数逻辑斯蒂模型。每个题(项)目具有区分度 a_i、难度 b_i 和猜测度 c_i,参数分布形式为:

$$\ln a_i \sim N(0,1);\ b_i \sim N(0,1);\ c_i \sim U(0,0.3)$$

于是,模拟一个题库将生成 7 000 对项目参数 (a_i, b_i, c_i),$i = 1,2,3,\cdots,$ 7 000,并规定 $0 \leqslant a_i \leqslant 2$,$-3 \leqslant b_i \leqslant 3$。

3.1.2 项目题型约束

HSK 六级包括三种题型:听力、阅读和写作。本研究的模型主要针对的是 0-1 记分模型,写作属于主观题,不在本次研究的范围内,因此要研究的题型为听力和阅读两大类。听力又包括三种题型,分别记为 T1、T2、T3;阅读理解包括四种题型,分别记为 Y1、Y2、Y3、Y4。

本实验采用的模型是 0-1 记分模型,因此将每个项目记为一分,答对一个项目记作 1 分,答错一个项目记作 0 分。

3.1.3 项目字数约束

因 HSK 有规定的时间长度,如果试卷的文字长度过长,录音放完了,考生还没有读完问题;如果试卷的文字长度太短,考生的时间绰绰有余,那么考试所设的时间都形同虚设。过多或过少的字数都会使试卷的信度打折扣,因此不但要控制各部分试题的字数,还要控制全卷的字数。本研究要抽取的是一个个的项目,因此,听力原文文本和阅读理解的文章的字数不在本研究考虑范围内,而是在编制题目时就已经考虑好的问题。根据历年的汉语水平考试试卷,我们可得知,T1 包括 15 个项目,每一个项目的字数在 25 到 45 之间,以下各题同理,都是一个项目的字数。最后,全卷的总字数在 7 000 以内。

根据 HSK 的命题要求,测验的非心理计量学指标的约束条件如表 3-1 所示。

表 3-1 选题的约束条件

题型	数量	分数	每个项目的字数
T1	15	15	25~45
T2	15	15	8~40
T3	20	20	8~50

题型	数量	分数	每个项目的字数
Y1	10	10	60～250
Y2	10	10	40～100
Y3	10	10	5～20
Y4	20	20	20～60

3.1.4 实际测验项目信息函数

实际测验项目信息函数是本研究所有算法的目标函数,在项目反应理论中,被试的能力值和项目的难度、区分度、猜测度处于同一个量尺上,另外,项目反应理论能够得出被试的能力值 θ 和被试掌握某测验的百分比 π_0 之间的定量关系。

如果一个题库能测量出被试的某种特质水平,那么被试在该特质领域内掌握的项目百分比 π_0(通常取 0.6),就是其在该题库所有项目上答对的项目的平均值,即:

$$\pi_0 = \frac{1}{N} \sum_{i=1}^{N} P_i(\theta) \tag{3-1}$$

式中,N 为一个题库中题目的数量;P_i 表示潜在能力特质为 θ($-3 \leqslant \theta \leqslant 3$)的受试者答对第 i 题的概率。三参数逻辑斯蒂模型的计算公式为:

$$P_i(\theta) = c_i + (1 - c_i) \frac{1}{1 + e^{-1.7a_i(\theta - b_i)}} \tag{3-2}$$

因为题目 i 的区分度 a_i、难度 b_i、猜测度 c_i 都是已知的,从上面各式的关系可以看出,π_0 和 θ 之间存在一一对应的关系。

HSK 是标准参照测验。标准参照测验的目标信息函数是希望在分数线对应的能力量尺附近,呈尖狭峰分配的曲线,亦即期望该份测验在分数线对应的被试能力值附近能提供最大的信息量。因此,假设分数线为 π_0,π_0 对应的被试能力值 θ 处测验信息函数应该达到最大。另外,除了 θ 点外,再计算 θ 附近两个点($\theta \pm d$,d 取 0.1)对应的测验信息函数值,作为分数线附近的信息函数值,这样能够计算在这三点上的平均测验信息量,并以此作为评价算法优劣的一个评价指标。算法的评价指标能够比较几种智能算法的优劣。

按照 HSK 六级的要求,包括写作,满分 300 分,180 分算通过,因此 π_0 为 0.6。本研究不包括写作,满分 200 分,假设 120 分算通过,π_0 也设为 0.6。在编写程序的时候,π_0 外部可调,可以根据不同的测验要求,在选题界面输入不同的 π_0 值。决定 π_0 之后,便能够计算 π_0 对应的 θ 值,两者的关系如下:

在 $P_i(\theta) = c_i + (1 - c_i) \dfrac{1}{1 + e^{-1.7a_i(\theta - b_i)}}$ 的条件下,

有 $P_i(b_i) = c_i + \dfrac{1 - c_i}{2} = \dfrac{c_i + 1}{2}$ 并且 $\left. \dfrac{\mathrm{d}P_i(\theta)}{\mathrm{d}\theta} \right|_{\theta = b_i} = \dfrac{1.7}{4} a_i$,

以及 $\left. \dfrac{\mathrm{d}^2 P_i(\theta)}{\mathrm{d}\theta^2} \right|_{\theta = b_i} = 0$ 成立,于是,可将 $P_i(\theta)$ 按泰勒公式展开成:

$$
\begin{aligned}
P_i(\theta) &= P_i(b_i) + P'_i(b_i)(\theta - b_i) \\
&= \frac{c_i + 1}{2} + \frac{1.7a_i(\theta - b_i)}{4}
\end{aligned}
\tag{3-3}
$$

因此,
$$
\sum_{i=1}^{N} P_i(\theta) \approx \frac{N}{2} + \sum_{i=1}^{N} \frac{c_i}{2} + 1.7 \sum_{i=1}^{N} \frac{a_i(\theta - b_i)}{4}
\tag{3-4}
$$

令 $\sum P(\theta)/N = \pi_0$,即 $P(\theta) = N\pi_0$(N 为题库的长度 7 000)

由式(3-4)可得:

$$
\frac{N}{2} + \sum \frac{c_i}{2} + 1.7 \sum \frac{a_i(\theta - b_i)}{4} = N\pi_0
$$

移项可得:

$$
1.7 \sum \frac{a_i(\theta - b_i)}{4} = N\pi_0 - \frac{N}{2} - \sum \frac{c_i}{2}
$$

π_0 和 θ 的关系式为:

$$
\theta = \frac{(4\pi_0 - 2)N - 2\sum c_i + 1.7\sum a_i b_i}{1.7\sum a_i}
\tag{3-5}
$$

在计算出 θ 值后,便能够计算出题库中各题的项目信息量,每道试题的信息函数 $I_i(\theta)$ 的计算公式为:

$$
I_i(\theta) = \frac{D^2 a_i^2 (1 - c_i)}{[c_i + e^{Da_i(\theta - b_i)}][1 + e^{-Da_i(\theta - b_i)}]^2}
\tag{3-6}
$$

式中，$D = 1.7$；

a_i，b_i，c_i 分别表示题目 i 的区分度、难度、猜测度；

θ 为被试的能力水平值。

由于项目信息函数具有可加性，因此整个测验的信息函数为：

$$I(\theta) = \sum_{i=1}^{N} I_i(\theta) \qquad (3-7)$$

对于试卷质量的评价，采用目标函数进行判断，目标函数即测验信息函数值。对于组成功的试卷，必须在分数线 π_0 对应的 θ_0 处测验信息函数达到最大，并且最大点和 $\theta_0 \pm 0.1$ 处的平均信息量达到最大。目标函数计算公式为：

$$\max \sum_{i=1}^{N} I_i(\theta_0) x_i \qquad (3-8)$$

式中，目标函数中的 x_i 为决策变量，$i = 1, 2, \cdots, I$。若项目 i 被选中，则 x_i 为 1；若未被选中，则 x_i 为 0。

以上目标函数为本研究六种算法的目标函数，以下不再重复。在建好题库，并依照项目反应理论确定好测验的心理计量学指标，以及测验的约束条件后，采用各种算法实现选题。

3.2 基于 IRT 的遗传算法选题实验

遗传算法已经被广泛应用于各领域解决优化问题，且有较多的学者将其应用于选题，并有很多学者对算法进行了各种改进。本研究首次将遗传算法用于 HSK 选题，并将其与量子遗传算法的选题效果进行比较。

3.2.1 遗传算法（GA）简介

遗传算法（Genetic Algorithm，GA）最初是由美国 Michigan 大学 J. Holland 教授于 1975 年首先正式提出来的，并出版了颇有影响的专著 *Adaptation in Natural and Artificial Systems*，因此 GA 才逐渐进入人们的视线，J. Holland 教授所提出的遗传算法通常被称为简单遗传算法（SGA）。

遗传算法的理论基础是达尔文的生物进化论理论和孟德尔的遗传学理论。遗传算法根据遗传学机理，生成相应的遗传算子来模拟生物遗传的过程，对算子进行选择、复制、交叉、变异,产生一代代的群体;进化论认为自然界的物种都遵循优胜劣汰的自然选择的规律,因此经历数代遗传后,淘汰劣势群体,保留最优个体,作为最优化问题的最优解。

由于遗传算法是生物遗传学和计算机科学相互结合而形成的一种新的计算方法,因此遗传算法中经常使用一些生物遗传学中的基本概念。了解这些基本概念对于讨论和应用遗传算法来进行选题是十分必要的(见表3-2)。

表3-2　遗传算法与选题对应概念

序号	遗传学概念	遗传算法概念	智能选题概念
1	基因	染色体中的元素	试题
2	染色体	个体的表现形式	试题的组合
3	个体	要处理的基本对象	一份试卷
4	种群	个体的集合	一组试卷
5	适应度值	个体对环境的适应程度及生存能力	满足选题目标的衡量值
6	初始种群	被选定的一组染色体或个体	满足某些目标被选出的一组试卷
7	交叉	一组染色体上对应基因段的交换	交换一组试卷上对应的试题
8	交叉概率	染色体对应基因段交换的概率(可能性大小)	试卷之间交换试题的概率
9	变异	染色体水平上基因变化	替换掉试卷中某道试题
10	变异概率	染色体上基因变化的概率(可能性大小)	替换掉试卷中的试题的概率

基本的遗传算法主要由以下几个部分组成:

(1) 染色体的编码

遗传算法处理问题空间的数据与传统优化算法有所不同,它是通过对优化问题的决策变量采用一定的方式进行编码,将其表示成遗传学理论中的基因型个体,然后形成基因型的串型结构数据。另外,将目标函数值转化为适应度值,以此来评价个体的优劣。

遗传算法的编码方式影响到解决问题的速度,并且影响算法内交叉算子、变异算子的操作,好的编码方式,能够使得交叉算子、变异算子运行起来简单、易执行;差的编码方式会导致各算子操作困难,可能会产生较多无效解。编码方式是影响算法性能的一个重要因素,是遗传算法的首要步骤,因此编码方式受到广泛关注,许多学者采用了各种各样的编码方式来解决不同的优化问题。优质的编码方式的基本条件是问题空间和遗传空间的解一一对应,且方式尽可能简单明了。遗传算法不但能够对数值符号的字符串进行编码,而且能够对矩阵、集合、树结构、序列、图和表等各种形式的结构对象进行编码,因此它被广泛地应用于各个领域。基本的遗传算法采用的是二进制编码方式,在选题问题中,对于大型题库,二进制编码方式在进行变异操作时,往往很难精确控制各题型题数;当题库中题数很多时,编码过长,需要巨大的空间。因此,很多学者提出了其他的编码方式,例如实数编码、浮点编码、分段实数编码、十进制编码、实数矩阵编码等。

（2）个体适应度函数

遗传算法运用适应度函数来评价个体的好坏,当前种群有哪些能够遗传到下一代,取决于适应度函数。因此,根据具体问题,必须先确定目标函数转化为适应度函数值的转化规则。为了方便高效地计算适应度,建立的适应度函数须为连续的和非负的,并且尽可能简单,对于某一类的具体问题,要尽量能够通用。

适应度函数能直接影响算法的收敛速度（能否迅速找到最优解）,因此它的建立方式至关重要。在某些情况下,优化函数可以将其本身当作适应度评价函数,但是对于复杂问题的适应度函数并不能够直观地发觉,通常需要研究者根据具体问题构造出能够对解的性能进行评估的适应度函数。

（3）遗传算子

基本的遗传算法常使用下列三种遗传算子:

选择算子:选择是为了从种群中选择优秀的个体,为下一步的繁殖子孙后代做准备。根据个体的适应度函数值,按照某种规则或方法,从上一代中选出优秀个体,使它能够遗传到下一代,因此,遗传的种群会不断地朝着越来越优秀的方向发展。这就充分体现了达尔文的优胜劣汰的生物进化机理。目前最常用的选择方法是轮盘赌,此外还有一些选择方法,如确定式采样选择法、期望值法、比例排列法等。

交叉算子:通过交叉运算可以得到新的一代,交叉的目的是使得一些个体经过交叉之后变为更优秀的个体。交叉的过程是模仿生物进化过程的有性繁殖的基因重组过程,经过前一步对个体进行选择之后,染色体随机配对,再用选择算子按照一定的交叉概率对染色的部分基因进行交叉处理,处理之后能大大提高遗传算法的搜索能力。

交叉运算通常包括两个主要步骤:

① 在新复制的群体中随机选取两个个体。

② 沿着两个个体（字符串）随机地取一个位置,二者互换从该位置起至末尾部分。

常用的遗传算子主要有单点交叉算子、双点交叉算子、多点交叉算子、均匀交

叉算子等。以二进制编码为例,单点交叉的示意图如图 3-1 所示:

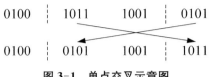

图 3-1　单点交叉示意图

得到 $s'_1 = 01000101$,$s'_2 = 10011011$,可以看作是原染色体 s_1,s_2 的子代染色体。

变异算子:遗传算法的变异运算相当于生物进化过程中的基因突变,可以改变染色体的结构和携带的信息。在交叉运算之后,有可能下一代的适应度值不再发生变化,而且并没有达到最优,这就说明算法可能陷入早熟,早熟的原因是某些有效基因在交叉过程中缺失了。

变异操作能够产生新的个体,使遗传算法中种群的多样性增加。变异运算首先从群体中随机选择一个个体,然后根据事先设定好的变异概率随机改变某个基因位上的基因。变异运算可采用单点、多点、两点、均匀等变异算子,某些时候也能够随适应度函数值做自适应变化。

遗传算法原理的示意图如图 3-2 所示:

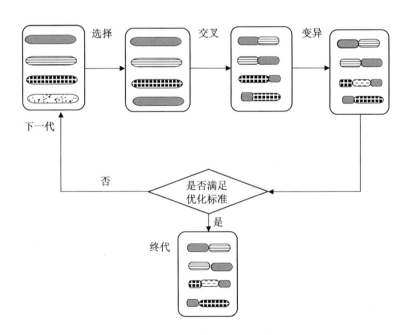

图 3-2　遗传算法原理的示意图

3.2.2 遗传算法选题的实验步骤

因遗传算法选题参数的不同,得到的选题指标优劣的结果也不同。选题指标包括分数线处最大测验信息量、选题时间、分数线附近的信息量平坦度,这三个指标之间可能会出现相互矛盾的情况,例如分数线处最大测验信息量越大,选题时间越短,分数线附近的信息量平坦度越大。选题人员根据不同的考试要求可能会对这几个指标的重视程度不一,或者希望这几个指标之间达到平衡,因此如何组出最适合选题人员期望的试卷,需要进行参数探索实验,实验步骤如下:

(1) 用 MATLAB 2012 编制选题的遗传算法程序。

(2) 设计 GA 算法参数实验:设置不同的算法参数,探索参数对遗传算法的选题结果的影响。影响遗传算法的参数主要有种群大小和迭代次数,种群大小一般取 50～100,迭代次数取 100～500,本研究种群大小取 40,80,120 三个水平,迭代次数取 100,300,500 三个水平,因此采用 3×3 的双因素完全随机实验设计。

(3) 获得 GA 选题实验数据:对照实验方案,采用遗传算法进行选题,记录每次选题的输出信息,每个水平组合下进行 20 次实验,记录实验数据。

(4) 分析实验结果:对实验结果进行方差分析,探索各因素是否对选题效果存在影响,并寻求遗传算法的最优组合参数。

3.2.3 遗传算法选题的算法设计

1. 编码方式

由于二进制编码长度过长,占用的储存空间过大,因此本研究采用的编码方式为实数编码,这样能够减少算法解码的时间,加快选题速度。实数编码,就是对每道试题按照题号进行编码,每道试题不仅包含题号,还包含试题的其他属性。

2. 试题更新策略

本研究采用基于适应度值排序的方法选择算子,即对父代中的个体按照适应度值的大小进行排序,从中选取最优的 90% 进入下一代。遗传算法种群进行更新的重要方式之一是交叉操作,若初始种群含有足够量的信息,交叉操作会使全局搜索能力增强。交叉的方法有很多种,由于实数编码方式包含了题型的分段信息,因此为了避免交叉操作之后的试题不能满足命题人员要求,本研究采用分段的两点交叉方式,两个父代染色体交叉后产生两个新染色体,适应度值高的进入下一代。

本研究交叉概率设定为 0.9。另外,本研究采用分段多点变异策略,对参加变异的试卷,在保持题型和题数不变的情况下,从每类题型中都选择一道试题进行变异,变异概率设定为 0.01。

3. 适应度函数

适应度函数即测验信息函数,对于组成功的试卷,必须在分数线 π_0 对应的 θ_0 处测验信息函数达到最大,并且最大点和 $(\theta_0 \pm 0.1)$ 处的平均信息量达到最大,适应度函数计算公式为:

$$f(x) = \max \sum_{i=1}^{N} I_i(\theta_0) x_i \qquad (3-9)$$

式中,目标函数中的 x_i 为决策变量,$i = 1, 2, \cdots, I$。若项目 i 被选中,则 x_i 为 1;若未被选中,则 x_i 为 0。

4. 遗传算法选题的算法流程

遗传算法选题的基本操作流程主要有以下几个步骤:

(1) 对于本研究的选题问题,采用实数编码方式,在搜索空间 U 上建立一个适应度函数 $f(x)$,给定种群规模 N,交叉概率 P_c 和变异概率 P_m,终止代数为 T。

(2) 初始化群体,随机产生 N 个个体 $s_1, s_2, \cdots, s_N$,组成初始种群 $S(1) = \{s_1, s_2, \cdots, s_N\}$。

(3) 根据适应度函数计算出每个个体 s_i 的适应度函数值 $f_i = f(s_i)$,并将其进行排序。

(4) 对个体适应度值做出判断,若满足算法终止条件,则算法停止,输出 S 中适应度最大的个体当作求最优解的结果,算法结束。否则,计算下列概率:

$$P(s_i) = \frac{f_i}{\sum_{j=1}^{N} f_j}, \quad i = 1, 2, \cdots, N \qquad (3-10)$$

按照上述选择概率分布策略决定个体选中概率,适应度值越高的个体被选中的概率越大,个体也越优秀。每次从 S 中随机选定 1 个个体并将其复制,共进行 N 次,复制后最终将得到由 N 个染色体组成的群体 S_1。

(5) 按照设定的交叉概率 P_c 从 S_1 中随机选择一些个体进行交叉运算,得到群体 S_2。

(6) 在群体 S_2 中随机选择一些染色体按给定的变异概率 P_m 进行变异运算,

得到新一代群体 S_3，此时，用种群 S_3 代替 S，迭代次数 t 增加 1，$t = t + 1$，再转至第（3）步。

（7）若达到算法终止条件，则停止运行。

3.2.4 遗传算法选题参数的实验设计

本研究经过设置不同的参数，进行多次实验，一是为了寻求算法最合适的种群大小和迭代次数，当算法的种群大小和迭代次数达到一定程度时，算法将收敛，优化结果将不再随种群大小和迭代次数增加；二是对多种不同参数组合进行选题，能够比较两种算法在各种参数条件下的选题结果的优劣，只有在所有或大多数相应参数组合下为优，才算较优算法；三是从各种参数组合中选出最优的选题结果与其他算法进行算法综合性能比较。

由于算法每次计算出的结果具有随机性，存在随机误差，因此通常取计算10 次或者 20 次的平均值作为结果。本研究首次采用心理学实验设计的方法，将种群大小和迭代次数定义为自变量，选题优化指标则为因变量。从统计学的角度进一步考虑不同的自变量水平是否会对因变量的结果有显著影响。根据前人的经验，对自变量种群大小 A 取三个水平：$A_1 = 40$，$A_2 = 80$，$A_3 = 120$；对自变量迭代次数 B 也取三个水平：$B_1 = 100$，$B_2 = 300$，$B_3 = 500$。

本实验是一个 3×3 的双因素完全随机实验设计，共形成 9 种实验条件（见表3-3）。通常的心理学实验是让被试在一定的实验条件下做出反应，得到实验结果。本研究的总体相当于从 7 000 道题中选 100 道的组合，这是因为 HSK 的总题数为100 道。实验的一个被试相当于这些组合中的一种情况，所有可能的组合为样本总体，其数据呈正态分布。因为算法每次选出的题目组合具有随机性，因此本实验为双因素完全随机实验设计，一共选取 180 个被试，进行 9 组实验处理，每组有20 个被试。实验表如表 3-3 所示：

表 3-3　遗传算法选题参数实验条件

实验条件	种群大小 A	迭代次数 B
$A_1 B_1$	40	100
$A_1 B_2$	40	300
$A_1 B_3$	40	500
$A_2 B_1$	80	100

实验条件	种群大小 A	迭代次数 B
A_2B_2	80	300
A_2B_3	80	500
A_3B_1	120	100
A_3B_2	120	300
A_3B_3	120	500

3.2.5 遗传算法选题的实验程序

（1）按 HSK 的测验蓝图形成模拟题库。

（2）用 MATLAB 2012 编制遗传算法程序。程序的 GUI 界面如图 3-3 所示。

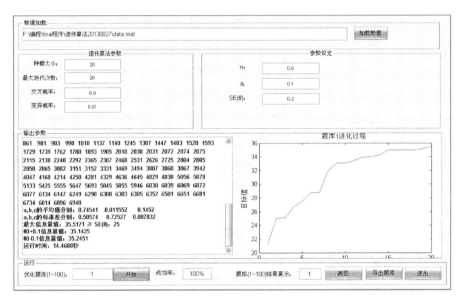

图 3-3 遗传算法程序的 GUI 界面

（3）同样的种群大小和迭代次数，计算 20 次，遗传算法的交叉概率取 0.9，变异概率取 0.01，分数线取 0.6，分数线附近的区间取 0.1，信息函数误差取 0.2，可输入的参数都能够根据命题人的要求进行取值。

界面中间左边为输出参数，包括：最佳试题组合的序号，组成的一份试卷的区分度、难度、猜测度的平均值，组成的一份试卷的区分度、难度、猜测度的标准差，分数线取 $\pi_0 = 0.6$ 时对应的最大测验信息函数，分数线附近的能力值 $\theta_{0-0.1}$ 和 $\theta_{0+0.1}$，选题时间。

界面中间右边为遗传算法选题的目标函数进化过程。界面的左下方为优化题库的选择,可以从多个题库中选题,并计算选题的成功率。

(4)记录程序的输出参数,按实验设计对其各结果运用 SPSS 19.0 软件进行双因素方差分析。

3.2.6　遗传算法选题的实验结果

本实验要考查的因变量共有以下几个,包括分数线对应的能力值 θ_0 处的测验信息量 I_0、选题时间 T、分数线附近的能力区间 $[\theta_{0-0.1}, \theta_{0+0.1}]$ 内测验信息函数的平坦度,将以上三个因变量作为评价各参数组合下选题优劣程度的指标。

1. 分数线对应的能力值 θ_0 处的测验信息量 I_0

由于我们的研究对象是 HSK,它是一种标准参照测验的选题方式,目的是判断被试是否合格,能力高的和能力低的被试不是我们要关心的对象,对于这两类人群的参数估计精度我们不需要仔细研究,我们关心的是在分数线及其附近试题能够有高区分度和精确的估计参数,因此我们能够根据分数线对应的测验信息量评价试卷质量,希望在分数线处的信息量越大越好。

在实际选题时,也可以由选题人员来制定测验的目标信息函数,它是我们用来判断选题质量的一个指标。如果组出的试卷的测验信息函数大于目标信息函数,那么可初步认为选题成功。如果组出的试卷的测验信息函数小于目标信息函数,那么可认为选题不成功。本研究将利用测验标准误 $SE(\theta)$ 来计算目标测验信息函数总量。在前文的综述中已经描述过标准误 $SE(\theta)$ 与测验信息函数 $I(\theta)$ 的关系式为:

$$I(\theta) = 1/SE(\theta)^2 \tag{3-11}$$

根据前人的经验,一般认为 $SE(\theta)$ 应不大于 0.2,此时 $I(\theta)$ 为 25,测验质量良好;$I(\theta)$ 为 16～25 时,测验有待改进;$I(\theta)$ 低于 16 时测验很差。因此,质量良好的试卷测验信息函数总量应不小于 25。我们期望在用各种算法进行选题时,要求在分数线对应的被试能力值 θ_0 处的信息量不小于 25,且越大越好。另外,在编写程序时,$SE(\theta)$ 是外部可调的,命题人员能够根据测验的要求,取合适的标准误 $SE(\theta)$ 值。

本研究分数线 π_0 取 0.6,其上的测验信息量越大越好。每种实验条件下 20 次选题的测验信息量描述性统计情况如表 3-4 所示。

表 3-4　GA 各种实验条件下的最大测验信息函数的平均数和标准差(M、SD)

		A_1B_1	A_1B_2	A_1B_3	A_2B_1	A_2B_2	A_2B_3	A_3B_1	A_3B_2	A_3B_3
I_0	M	33.885	40.482	50.087	33.838	41.805	62.747	34.120	47.878	60.493
	SD	3.355	3.969	9.695	2.334	6.920	17.170	2.896	3.624	12.271
	min	30.143	30.402	36.013	29.677	34.607	35.839	30.039	43.582	42.786
	max	42.321	52.904	65.023	39.248	58.182	104.67	41.542	56.442	92.491

表 3-4 第一行为实验条件,第二行为各实验条件下分数线处最大测验信息函数的均值,第三行为分数线处最大测验信息函数的标准差,第四行和第五行分别为各实验条件下分数线处测验信息函数的最小值和最大值。选题结果显示,本研究选择的遗传算法各参数下的分数线处测验信息量都大于 25,因此选题都算成功。另外,在算法稳定的情况下,期望分数线处测验信息量越大越好。从表中我们大致能够得知种群大小相同的条件下,随着迭代次数的增加,最大信息函数的值也会增大。另外,在迭代次数相同的情况下,种群大小的增加也会引起项目信息函数的增大。遗传算法选题的最大测验信息函数标准差的最大值与最小值之比远大于 3,因此可以认为遗传算法选题性能极其不稳定。

2. 信息量平坦度

由于测量总是存在误差的,因此我们不能把被试的能力值 θ_0 看作是一个点,而应看作是一个区间 $[\theta_{0-d}, \theta_{0+d}]$,我们应该考虑这个区间中的平均信息量。如果测量的误差较大,这个区间就较宽;如果测量的误差较小,这个区间就较窄。本实验作为一个模拟研究,令 d 为一个较小的数字 0.1,在实际选题时,d 可以根据命题人要求自行调节。

为了考查在分数线附近的信息量变化是否有较大变化,记录能力值 θ_0 及附近 2 个点上的信息量。一份高质量的试卷应该除了在分数线那一点上能够提供最大信息量外,在其附近的某个小区间内都应该提供较大的信息量。这对在分数线附近的考生而言至关重要。由于考试本身也存在误差,若不能对能力在分数线附近的考生提供较大测验信息量的试题,则应该通过考试的考生可能无法通过,对这部分考生的升学、求职等都会有重大影响。

令 θ_0 处的信息量为 I_0,在 $\theta_{0+0.1}$ 和 $\theta_{0-0.1}$ 处的信息量分别为 I_1 和 I_2,于是平坦度:

$$PT = \frac{(I_0 - I_1) + (I_0 - I_2)}{2} \qquad (3-12)$$

PT 越小,表明平坦度越小,3 个点上的信息量变化越小,这种选题结果就越好。

表 3-5 GA 各种实验条件下的测验信息量的平坦度的平均数和标准差(M、SD)

		A_1B_1	A_1B_2	A_1B_3	A_2B_1	A_2B_2	A_2B_3	A_3B_1	A_3B_2	A_3B_3
PT	M	0.307	0.442	0.442	0.302	0.465	0.926	0.303	0.698	0.938
	SD	0.088	0.098	0.098	0.093	0.207	0.339	0.115	0.088	0.284

不同种群大小的信息量平坦度均值存在显著差异,$F(2, 57) = 16.111$,$p < 0.5$,偏 $\eta^2 = 0.159$,power $= 1$;不同迭代次数的测验信息量的平坦度也存在显著差异,$F(2, 57) = 72.493$,$p < 0.5$,偏 $\eta^2 = 0.46$,power $= 1$;种群大小和迭代次数之间存在交互效应,$F(4, 171) = 5.887$,$p < 0.5$,偏 $\eta^2 = 0.121$,power $= 0.982$。

不同种群大小的两两比较采用 Tamhane 方法检验,结果显示:种群大小为 120 时的平坦度值与种群大小为 80 时没有显著差异,$p = 0.461$;种群大小为 80 时的平坦度值显著大于 40 时,$p = 0.002 < 0.05$;种群大小为 120 时的平坦度值显著大于 40 时,$p < 0.05$。

不同迭代次数两两比较的结果显示,迭代次数分别为 100 和 300 时,100 和 500 时,300 和 500 时,测验信息平坦度存在显著差异;迭代次数为 500 时的平坦度值显著大于迭代次数为 300 时;迭代次数为 300 时的平坦度值显著大于迭代次数为 100 时,$p < 0.05$。

3. 选题时间

算法的选题时间必然会随着种群大小和迭代次数的增加而增加,且每种实验条件下相差较大,因此选题时间不需要进行方差分析,直接对其结果进行比较,本研究的其他几种算法都做相同处理。选题遗传算法在九种实验处理下的 20 次程序运算平均时间如表 3-6 所示。

表 3-6 GA 各种实验条件下的选题时间的平均数(M)　　　　　　单位:s

		A_1B_1	A_1B_2	A_1B_3	A_2B_1	A_2B_2	A_2B_3	A_3B_1	A_3B_2	A_3B_3
T	M	193.7	544.2	905.4	303.2	849.8	1393.8	451.2	1302.7	2084.8

表 3-6 显示,相同的迭代次数,选题时间随着种群大小的增加而增加;相同的种群大小,选题时间随着迭代次数的增加而增加。

3.3　基于 IRT 的量子遗传算法选题实验

量子遗传算法由于量子计算高效的特点在很多求解优化问题的领域得到广泛应用,并取得了比普通遗传算法好得多的效果。目前,已经有很多种算法用于选题方面,但是本研究首次将量子遗传算法用于汉语水平考试(HSK)选题。

3.3.1　量子遗传算法(QGA)简介

20 世纪 90 年代后期,一种在遗传算法中引入量子计算的混合智能算法——量子遗传算法(Quantum Genetic Algorithm,QGA)在学界兴起。最早涉及量子遗传算法研究的是 Narayanan 等人,他们在遗传算法中引入量子多宇宙的概念,尝试用多宇宙的并行搜索方式来扩大搜索范围,他们认为"能够模仿宇宙之间的联合交叉性,从而实现信息的交流"。因此遗传算法的搜索效率得以大大提高。但是,他们提出的算法还不算真正意义上的量子遗传算法,因为此算法还没有用到量子态,它的多宇宙概念是通过分别产生多个种群获得的。

正式提出遗传算法的是 K. H. Han 等人,他们将量子计算中的量子比特和量子旋转门引入遗传算法中,将其用于求解背包问题,结果显示,量子遗传算法的效果远远超出传统遗传算法。因此,近年来在多目标优化领域,众多学者将目光聚集到量子遗传算法上。

量子遗传算法是将量子计算和遗传算法的优点充分结合起来的一种智能算法,量子计算具有并行计算的能力,可以一次同时处理多个数据,因此需要的种群规模很小;遗传算法是一种概率性的启发式算法,因此,两者的结合能够极大地提高搜索最优解的速度,提高算法的综合性能。

3.3.2　量子遗传算法选题的实验步骤

(1) 用 MATLAB 2012 编制选题的量子遗传算法程序。

(2) 设计 QGA 算法参数实验:设置不同的算法参数,探索各参数对遗传算法的选题结果的影响,采用 3×3 的双因素完全随机实验设计。

(3) 获得 QGA 选题实验数据:对照实验方案,采用量子遗传算法进行选题,记录每次选题的输出信息,每个水平组合下进行 20 次实验,记录实验数据。

(4) 分析实验结果:对实验结果进行方差分析,探索各因素是否对选题效果存在影响,并寻求量子遗传算法的最优组合参数。

3.3.3　量子遗传算法选题的算法设计

1. 编码方式

编码是实现算法的第一步,在普通遗传算法中,常采用二进制、十进制、格雷编码或者实数编码,量子遗传算法的编码方式与普通遗传算法编码方式不同,量子遗传算法采用量子比特编码,量子比特呈现出的是一种叠加态和纠缠态,每个量子比特可以表示一个基因位,一个基因位包含两种状态。一个基因位上的信息不再是一个确定的值,而是包含量子态的所有可能状态,每个量子染色体上携带的信息会因量子系统的态的不同而不同,并且呈指数倍增加,包含两个量子比特的基因位就能表现出四种状态,任何对该量子比特的操作都会同时使所有的信息发生变化。

因此,染色体的种群多样性较普通遗传算法大大提高,能够有效地克服过早收敛,防止陷入早熟。

量子遗传算法中,染色体用量子比特来编码,一个由 n 个量子比特组成的染色体可以用一个复数对表述,如式(3-13)所示:

$$\boldsymbol{q}_j^t = \begin{bmatrix} \alpha_1 & \alpha_2 & \cdots & \alpha_n \\ \beta_1 & \beta_2 & \cdots & \beta_n \end{bmatrix} \tag{3-13}$$

式中,t 为种群代数;

j 为第 j 个个体的染色体;

$\boldsymbol{q}_j^t$ 为第 t 代、第 j 个染色体;

n 为染色体基因的个数。

$$|\alpha_i|^2 + |\beta_i|^2 = 1,\ i = 1, 2, \cdots, n \tag{3-14}$$

将量子遗传算法应用于选题时,一个复数对 $\begin{bmatrix} \alpha \\ \beta \end{bmatrix}$ 就代表试卷中的一道题目。

当 $|\alpha|^2$ 或 $|\beta|^2$ 趋向于 0 或 1 时,量子比特编码代表的染色体就收敛到一个基态,也就找到了最优解。

2. 试题更新策略

（1）量子旋转门

不同于普通遗传算法的交叉、变异等进化操作,量子遗传算法采用的是量子门的策略进行种群的更新,从而不断产生更优的个体。量子门有很多种,本研究采用量子旋转门进行种群的进化更新。

$$U = \begin{bmatrix} \cos\theta & -\sin\theta \\ \sin\theta & \cos\theta \end{bmatrix} \tag{3-15}$$

式中,θ 为量子旋转门旋转角,该角度能够决定算法的好坏。若角度过大,则会导致算法陷入局部最优;若角度过小,则会导致算法过于复杂,时间过长。此角度的取值范围通常为 0.001π 到 0.05π。

将量子旋转门作用于父代染色体,产生新一代染色体的表达式如式(3-16)所示。

$$\begin{bmatrix} \alpha_i' \\ \beta_i' \end{bmatrix} = \begin{bmatrix} \cos\theta & -\sin\theta \\ \sin\theta & \cos\theta \end{bmatrix} \begin{bmatrix} \alpha_i \\ \beta_i \end{bmatrix} \tag{3-16}$$

量子旋转门的角度和大小可以由表 3-7 查得:

表 3-7　量子旋转角和旋转方向查询表

$\theta_i = \Delta\theta \cdot s(\alpha_i,\beta_i)$	x_i	b_i	$\Delta\theta$	$S(\alpha_i,\beta_i)$			
				$\alpha_i \cdot \beta_i > 0$	$\alpha_i \cdot \beta_i < 0$	$\alpha_i = 0$	$\beta_i = 0$
$f(x) > f(b)$	0	0	0	o	0	0	0
	0	1	delta	-1	1	± 1	0
	1	0	delta	1	-1	0	± 1
	1	1	delta	1	-1	0	± 1
$f(x) < f(b)$	0	0	0	0	0	0	0
	0	1	0	0	0	0	0
	1	0	delta	-1	1	± 1	0
	1	1	delta	1	-1	0	± 1

注:$\Delta\theta$ 为 θ_i 的旋转角度;$s(\alpha_i,\beta_i)$ 为 θ_i 的大小;x_i 为染色体 x 的第 i 位量子比特;b_i 为目前最优个体 b 的第 i 位;$f(x)$ 为适应度函数值。

(2)量子门旋转角度调整

$\Delta\theta$ 的大小通常在 0.001π 到 0.05π 之间,可以根据具体问题选取固定的值,亦能够根据迭代次数等参数进行动态测试调整,也可以采用动态自适应技术,使旋转角度根据问题自行调整到最佳角度。

$$\Delta\theta = \theta_{\min} + f(\theta_{\max} - \theta_{\min}) \tag{3-17}$$

式中,$\theta_{\min}$ 为最小值 0.001π,$\theta_{\max}$ 为最大值 0.05π,$f=(f_{\max}-f_x)/f_{\max}$,$f_x$ 为个体当前的适应度,$f_{\max}$ 为搜寻到的最佳个体的适应度。

从式(3-17)可知,若当前个体离最佳个体的距离较小时,$\Delta\theta$ 就会变小;若当前个体离最佳个体的距离较大时,$\Delta\theta$ 就会变大,这就体现了自适应的功能,有利于算法找到最佳旋转角。

(3) 旋转门的旋转方向

量子旋转门的方向可以通过查表 3-7 得知。

3. 量子遗传算法选题的算法流程

(1) 初始化种群 $Q(t)$。 初始状态时,代表一个解的一条染色体的量子位取状态 $|1\rangle$ 和 $|0\rangle$ 的概率是相等的,即:

$$\begin{bmatrix} \dfrac{1}{\sqrt{2}} & \dfrac{1}{\sqrt{2}} & \cdots & \dfrac{1}{\sqrt{2}} \\[2mm] \dfrac{1}{\sqrt{2}} & \dfrac{1}{\sqrt{2}} & \cdots & \dfrac{1}{\sqrt{2}} \end{bmatrix} \tag{3-18}$$

本试卷包含 100 道题,因此量子比特编码产生具有 100 位量子位的染色体。

(2) 观测。量子状态将坍塌,得到确定的一组解 $R=\{p_1^t, p_2^t, \cdots, p_m^t\}$,$m$ 为种群大小,p_i^t 为第 t 代种群、第 i 个染色体的观测值,测量的方法是随机产生一个 $[0,1]$ 之间的数,若该值大于 θ_{ij},则相应量子位的观测值为 1,反之为 0。

(3) 适应度计算。对种群 $Q(t)$ 中的每个个体实施一次测量,得到相应的确定解(十进制编码);代入适应度函数式中进行计算,记录每代得到的最优染色体适应度值 $f(q_g)$,与当前最优染色体适应值 $f(q_b)$ 进行比较,记录最优个体和对应的适应度值。

(4) 判断计算过程是否可以结束(是否达到最大遗传代数),若满足结束条件则退出,否则继续计算。

(5) 利用量子旋转门 $U(t)$ 对个体实施调整,得到新的种群 $Q(t+1)$。

(6) 记录最优个体和对应的适应度值。

(7) 将迭代次数 t 加 1,返回步骤(3),直至满足算法终止条件。

3.3.4 量子遗传算法选题的参数实验设计

因旋转角采用自适应的方式,量子遗传需要调节的参数有种群大小和迭代次数,为了便于与普通遗传算法做比较,同样对自变量种群大小 A 取三个水平:$A_1=40$,$A_2=80$,$A_3=120$;对自变量迭代次数 B 也取三个水平:$B_1=100$,$B_2=300$,$B_3=500$。同样是一个 3×3 的双因素实验研究,上述两个自变量的不同水平相互搭配,可形成 9 种实验条件。

3.3.5 量子遗传算法选题的实验程序

(1) 按 HSK 的测验蓝图形成模拟题库。

(2) 用 MATLAB 2012 编制量子遗传算法程序。程序的 GUI 界面如图 3-4 所示。

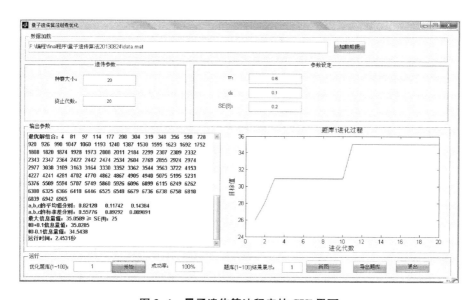

图 3-4 量子遗传算法程序的 GUI 界面

(3) 同样的种群大小和迭代次数,程序运行 20 次,分数线取 0.6,分数线附近的区间取 0.1,信息函数误差取 0.2,可输入的参数都能够根据命题人的要求进行取值。

(4) 记录程序的输出参数,按实验设计对其各结果运用 SPSS 19.0 软件进行双因素方差分析。

3.3.6　量子遗传算法选题的实验结果

本实验要考查的因变量同遗传算法选题实验相同。

1. 分数线对应的能力值 θ_0 处的测验信息量 I_0

表 3-8　QGA 各种实验条件下的最大测验信息函数的平均数和标准差（M、SD）

		A_1B_1	A_1B_2	A_1B_3	A_2B_1	A_2B_2	A_2B_3	A_3B_1	A_3B_2	A_3B_3
I_0	M	34.628	36.994	37.742	36.186	37.391	38.165	36.111	37.817	38.030
	SD	1.314	1.505	1.641	1.426	1.438	1.869	1.418	1.427	0.899

方差齐性检验结果显示，各组数据方差齐性，$F(8,171)=0.9$，$p=0.581$。方差分析结果显示，种群大小的主效应显著，不同种群大小下的测验最大信息量均值差异检验 $F(2,57)=6.497$，$p<0.05$，偏 $\eta^2=0.071$，power$=0.903$，因此种群大小的不同对最大信息量的影响存在显著差异。算法迭代次数的大小的 $F(2,57)=41.829$，$p<0.05$，偏 $\eta^2=0.33$，power$=1$，因此迭代次数大小的不同对最大信息量的影响也存在显著差异。种群大小和迭代次数的交互效应 $F(4,171)=1.397$，$p=0.237$，偏 $\eta^2=0.032$，power$=0.429$，因此它们之间对最大信息量的影响不存在交互效应。

采用最小显著法（Least-Significant-Difference Method，LSDM）进行多重分析，结果显示对自变量 A，种群大小为 80 时最大测验信息量均值显著大于种群大小为 40 时，$p<0.05$。种群大小为 120 时最大测验信息量均值显著大于种群大小为 40 时，$p<0.05$。种群大小分别为 80 和 120 时，对最大测验信息量的影响没有显著差异，$p=0.787$。但若种群大小为 120 时，程序运行的时间远大于 80 s，并且迭代次数和种群大小之间不存在交互效应，在运行量子遗传算法的程序时，我们可以选择种群大小 80 代替种群大小 120。

对自变量 B 的多重比较结果显示，迭代次数为 300 时的最大测验信息量均值显著大于迭代次数为 100 时，$p<0.05$；迭代次数为 500 时的最大测验信息量均值显著大于迭代次数为 100 时，$p<0.05$；迭代次数为 500 时的最大测验信息量均值显著大于迭代次数为 300 时，$p<0.05$。

2. 信息量平坦度

PT 越小，表明平坦度越小，3 个点上的信息量变化越小，这种选题结果就越好。

表 3-9　QGA 各种实验条件下的测验信息函数的平坦度平均数和标准差(M、SD)

		A_1B_1	A_1B_2	A_1B_3	A_2B_1	A_2B_2	A_2B_3	A_3B_1	A_3B_2	A_3B_3
PT	M	0.190	0.255	0.256	0.207	0.280	0.270	0.247	0.300	0.278
	SD	0.054	0.073	0.062	0.074	0.060	0.006	0.073	0.059	0.068

表 3-9 为 QGA 各实验条件下的测验信息量平坦度的均值和标准差。下面考查不同的参数条件对信息量平坦度的影响是否存在显著差异。方差齐性的分析结果显示,$F_{(8, 171)} = 0.546$, $p = 0.82$,因此各组样本测验信息量平坦度均值方差齐性。方差分析结果显示,不同种群大小的测验信息量平坦度均值存在显著差异,$F_{(2, 57)} = 5.701$, $p < 0.5$,偏 $\eta^2 = 0.063$, power $= 0.859$;不同迭代次数也对测验信息量平坦度的影响存在显著性差异,$F_{(2, 57)} = 15.918$, $p < 0.5$,偏 $\eta^2 = 0.157$, power $= 0.86$;种群大小和迭代次数之间不存在交互效应,$F_{(4, 171)} = 0.510$, $p = 0.729$,偏 $\eta^2 = 0.012$, power $= 0.17$。 为了进一步具体了解何种参数下的信息量平坦度存在差异,对种群大小和迭代次数进行多重比较。

不同种群大小的两两比较结果显示,种群大小为 40 和 80 时,测验信息量的平坦度没有显著差异,$p = 0.135$;种群大小为 80 和 120 时,测验信息量的平坦度没有显著差异,$p = 0.064$;种群大小为 120 时,测验信息量的平坦度值显著大于种群大小为 40 时,$p < 0.05$。

不同迭代次数的两两比较结果显示,迭代次数为 300 时的测验信息量的平坦度值显著大于迭代次数为 100 时,$p < 0.05$;迭代次数为 500 时的测验信息量的平坦度值显著大于迭代次数为 100 时,$p < 0.05$;迭代次数为 300 和 500 时,测验信息量的平坦度没有显著差异,$p = 0.372$。

3. 选题时间

量子遗传算法在九种实验处理下的 20 次程序运算平均时间和标准差如表 3-10 所示。

表 3-10　QGA 各种实验条件下的选题时间的平均数和标准差(M)　　　　单位: s

		A_1B_1	A_1B_2	A_1B_3	A_2B_1	A_2B_2	A_2B_3	A_3B_1	A_3B_2	A_3B_3
T	M	24.407	82.544	140.53	31.388	128.74	214.85	61.984	194.71	308.74

表 3-10 显示,种群大小相同时,随着迭代次数的增加,程序运行的时间也增加;迭代次数相同时,随着种群大小的增加,程序运行的时间也增加。

3.4　量子遗传算法与普通遗传算法性能比较

为了比较量子遗传算法和普通遗传算法的综合性能，我们将以下几点作为算法的评价指标：

(1) 算法的稳健度（最大测验信息量的标准差，区分度 a、难度 b、猜测度 c 的均值和标准差）。

(2) 最大测验信息量平均值的大小。

(3) 分数线附近信息量平坦度。

(4) 选题时间的长短。

3.4.1　算法稳健度

算法的稳健度将从最大测验信息量的标准差，区分度 a、难度 b、猜测参数 c 的均值和标准差几个方面来考虑。

1. 最大测验信息量的稳健度

我们在每一种算法的每种实验条件下，都获得了 20 份合格试卷，结果表明，在同一种算法的条件下，测验信息量是波动的，这种波动反映了编制测验的稳健性。如果波动大，则表明稳健性差，各次选题得到的分数线上的误差变化是比较大的。有些算法测验信息量的波动就比较小，就比较稳健。我们可以将"同一算法下，各份试卷的测验信息量的标准差"作为稳健性的指标 RI(Robust on Information)，然后比较量子算法和普通算法选题的稳健性。

表 3-11 中，SD_1 和 SD_2 分别为普通遗传算法和量子遗传算法各种实验条件下的最大测验信息函数的标准差。图 3-5 为表 3-11 对应的图，图中横坐标为九种实验处理条件序号，纵坐标为分数线处最大测验信息量的标准差。从表 3-11 两种算法的标准差可以看出，量子遗传算法在各实验条件下选题的最大测验信息量的标准差大都在 1.5 左右，但是普通遗传算法的标准差最小为 2.334，最大的高达 17.170，并且相同条件下，量子遗传算法的最大测验信息量标准差都比普通遗传算法的标准差小，即量子遗传算法在各实验条件下组出的 20 份试卷的稳健性大，几乎都是平行的试卷。普通遗传算法虽然各实验条件下平均的最大信息量基本大于量子遗传算法，但是该算法组出的试卷稳健度极差。在种群大小为 80，迭代次数为 100 时，20 份试卷中最小的测验信息量为 36.839，最大的测验信息量为 104.67，试

卷的测验信息量相差较大。

表 3-11　GA 和 QGA 各种实验条件下的最大测验信息量的标准差(*SD*)

	A_1B_1	A_1B_2	A_1B_3	A_2B_1	A_2B_2	A_2B_3	A_3B_1	A_3B_2	A_3B_3
SD_1	3.355	3.969	9.695	2.334	6.920	17.170	2.896	3.624	12.271
SD_2	1.314	1.505	1.641	1.426	1.438	1.869	1.418	1.427	0.899

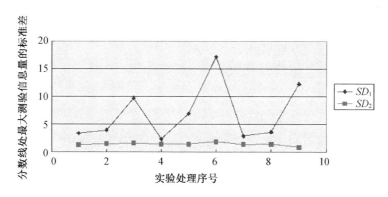

图 3-5　GA 和 QGA 各种实验条件下的最大测验信息函数的标准差对比图

2. 区分度 *a* 的稳健度

除了上述将最大测验信息量的标准差作为算法的稳健性指标之外,我们还记录了在各种条件下试卷中所含项目参数的平均数,即 *a*,*b*,*c* 的平均数。通过分析每种实验条件下 20 次选题的 *a*,*b*,*c* 的平均数和标准差,可以将其作为项目参数 *a*,*b*,*c* 的稳健度,考查这 20 份试卷的区分度、难度、猜测度是否稳健,组出的 20 份试卷是否为平行试卷。若标准差很大,则意味着 20 份试卷的项目参数不稳健,组出的试卷不是平行试卷。

表 3-12 中第一行为实验条件,第二行和第三行分别为普通遗传算法在各实验条件下组出的 20 份试卷的区分度的平均数和标准差,第四行和第五行分别为量子遗传算法相应条件下的区分度的平均数和标准差,*a* 的取值范围为 $0 \leqslant a \leqslant 2$。在程序中,每种算法的输出参数中包含每份试卷中选中 100 道题的区分度的平均数,我们将程序运行 20 次,例如表 3-12 种群大小为 40,迭代次数为 100 时的 $M = 0.80685$,为这 20 次的区分度 *a* 的平均值。图 3-6 为表 3-12 相应的对比图,a_1 和 a_2 分别为 GA 和 QGA 的 *a* 的标准差。

基于项目反应理论和量子智能算法的选题策略研究

表 3-12 显示量子遗传算法选题的最小区分度标准差 $SD=0.030\ 09$(种群大小 80,迭代次数 500),最大 $SD=0.051\ 44$(种群大小 80,迭代次数 300);普通遗传算法选题的最小区分度标准差 $SD=0.039\ 08$(种群大小 40,迭代次数 100),最大 $SD=0.145\ 71$(种群大小 80,迭代次数 500)。在各种对应的实验条件下,量子遗传算法的区分度标准差都小于普通遗传算法的区分度标准差。

表 3-12 GA 和 QGA 各种实验条件下的区分度 a 的平均数和标准差(M、SD)

		A_1B_1	A_1B_2	A_1B_3	A_2B_1	A_2B_2	A_2B_3	A_3B_1	A_3B_2	A_3B_3
G	M	0.810 83	0.852 10	0.934 85	0.806 16	0.860 74	1.033 3	0.799 89	0.888 30	0.992 53
	SD	0.039 08	0.056 82	0.097 15	0.040 03	0.060 51	0.145 71	0.039 68	0.049 60	0.099 60
Q	M	0.806 85	0.828 30	0.834 50	0.817 40	0.823 10	0.835 85	0.818 49	0.819 45	0.832 95
	SD	0.037 14	0.043 14	0.050 32	0.037 84	0.051 44	0.030 09	0.037 37	0.035 77	0.035 52

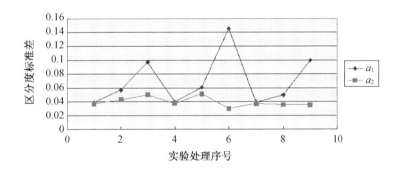

图 3-6 GA 和 QGA 各种实验条件下的区分度 a 的标准差对比图

此外,量子遗传算法在各种实验条件下的区分度均值都在 0.81 左右,而普通遗传算法最大的区分度值达到 1.033 3(种群大小 80,迭代次数 500)。区分度的值过大,算法在选题时将会过多选择区分度大的题目,区分度大的题目的曝光度会增大,因此普通遗传算法的区分度 a 的稳健度不及量子遗传算法。

3. 难度 b 的稳健度

表 3-13 为普通遗传算法和量子遗传算法在各实验条件下组出的 20 份试卷的难度 b 的平均数和标准差,图 3-7 为相应的对比图,b 的取值范围为 $-3 \leqslant b \leqslant 3$。量子遗传算法难度值的最小标准差 $SD=0.065\ 54$(种群大小 80,迭代次数 100),最

大标准差 $SD=0.09$（种群大小 120，迭代次数 300）。普通遗传算法难度值的最小标准差 $SD=0.0733$（种群大小 80，迭代次数 100），最大标准差 $SD=0.10676$（种群大小 120，迭代次数 500），并且在所有对应的实验条件下，量子遗传算法组出的 20 份试卷的难度值的标准差均小于普通遗传算法，即量子遗传算法在难度 b 上的稳健度要高于普通遗传算法。

表 2-13　GA 和 QGA 各种实验条件下的难度 b 的平均数和标准差（M、SD）

		A_1B_1	A_1B_2	A_1B_3	A_2B_1	A_2B_2	A_2B_3	A_3B_1	A_3B_2	A_3B_3
G	M	−0.03038	−0.02837	0.00045	−0.04213	0.00842	−0.0305	−0.00480	0.01095	−0.0169
	SD	0.07564	0.08875	0.08517	0.07330	0.09251	0.08358	0.10200	0.08568	0.10676
Q	M	−0.02729	0.01402	−0.01240	−0.00964	−0.02222	0.00897	−0.00871	0.00951	0.01438
	SD	0.06554	0.08776	0.07077	0.06834	0.07517	0.07255	0.07420	0.09000	0.08839

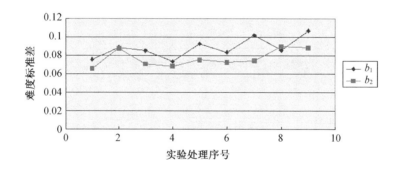

图 3-7　GA 和 QGA 各种实验条件下的难度 b 的标准差对比图

4. 猜测度 c 的稳健度

表 3-14 为量子遗传算法和普通遗传算法在各实验条件下组出的 20 份试卷的猜测度 c 的平均数和标准差，图 3-8 为相应的对比图。c 的取值范围为 $0 \leqslant c \leqslant 0.3$。由表 3-14 可知，量子遗传算法的猜测度值最小标准差 $SD=0.00667$（种群大小 120，迭代次数 300），最大标准差 $SD=0.00899$（种群大小 80，迭代次数 500）；普通遗传算法猜测度的最小标准差 $SD=0.00777$（种群大小 80，迭代次数 300），最大标准差 $SD=0.01192$（种群大小 80，迭代次数 500），并且在所有对应的实验条件下，量子遗传算法组出的 20 份试卷的猜测度的标准差均小于普通遗传算法，即量子遗传算法在猜测度上的稳健度要高于普通遗传算法。

表 3-14　GA 和 QGA 各种实验条件下的猜测度 c 的平均数和标准差(M、SD)

		A_1B_1	A_1B_2	A_1B_3	A_2B_1	A_2B_2	A_2B_3	A_3B_1	A_3B_2	A_3B_3
G	M	0.148 63	0.145 54	0.143 98	0.145 25	0.144 89	0.142 25	0.147 39	0.143 88	0.139 45
	SD	0.010 21	0.009 73	0.008 40	0.008 83	0.007 77	0.011 92	0.008 30	0.010 40	0.008 70
Q	M	0.147 64	0.147 26	0.146 06	0.146 27	0.144 66	0.144 54	0.147 77	0.147 67	0.144 26
	SD	0.008 94	0.007 42	0.007 24	0.008 05	0.008 26	0.008 99	0.007 86	0.006 67	0.007 90

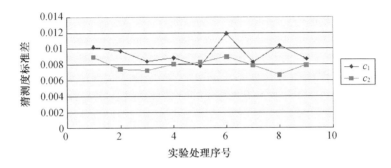

图 3-8　GA 和 QGA 各种实验条件下的猜测度 c 的标准差对比图

3.4.2　分数线处最大测验信息量均值

分数线处最大测验信息量也是比较算法性能的重要指标之一,测验信息量越大,测验误差越小,选题效果越好。

表 3-15　GA 和 QGA 各种实验条件下的分数线处最大测验信息量的均值(M)

		A_1B_1	A_1B_2	A_1B_3	A_2B_1	A_2B_2	A_2B_3	A_3B_1	A_3B_2	A_3B_3
G	M	33.885	40.482	50.087	33.838	41.805	62.747	34.120	47.878	60.493
Q	M	34.628	36.994	37.742	36.186	37.391	38.165	36.111	37.817	38.030

表 3-15 显示量子遗传算法在大部分实验条件下的分数线处的最大测验信息量都不如普通遗传算法。为了了解两种算法在各种条件下的分数线处测验信息量均值是否存在显著差异,对九对信息量均值做独立样本 t 检验,结果如表 3-16 所示。

表 3-16　GA 和 QGA 各种实验条件下分数线处最大测验信息量的独立样本 t 检验的 p 值

	A_1B_1	A_1B_2	A_1B_3	A_2B_1	A_2B_2	A_2B_3	A_3B_1	A_3B_2	A_3B_3
p	0.132	<0.05	<0.05	0.573	<0.05	<0.05	0.713	<0.05	<0.05

独立样本 t 检验结果显示,两种算法只有在第一、四、七种实验条件下不存在显著差异,其他条件下遗传算法的分数线处测验信息量均值显著大于量子遗传算法。

通过上面对算法稳健度的分析可知,普通遗传算法选题得到的分数线处最大测验信息量的标准差过大,无法满足本研究的选题要求——平行试卷,因此即使普通遗传算法选题的最大测验信息量平均值较大,也不能认为该算法优,应当综合考虑各种评价指标。

3.4.3 信息量平坦度

表 3-17 为普通遗传算法和量子遗传算法在各实验条件下的能力值 θ_0 及附近 2 个点上的信息量的平坦度,若平坦度小,则选题质量高。图 3-9 为相应的 PT 对比图,PT_1 和 PT_2 分别为普通遗传算法和量子遗传算法的信息量的平坦度。为了比较两种算法的 PT 值是存在显著差异,对两种算法对应处理下的 PT 值进行独立样本 t 检验,结果如表 3-18 所示。

表 3-17　GA 和 QGA 各种实验条件下的测验信息量的平坦度均值(M)

	A_1B_1	A_1B_2	A_1B_3	A_2B_1	A_2B_2	A_2B_3	A_3B_1	A_3B_2	A_3B_3
PT_1 M	0.307	0.442	0.442	0.302	0.465	0.926	0.303	0.698	0.938
PT_2 M	0.190	0.255	0.256	0.207	0.280	0.270	0.247	0.300	0.278

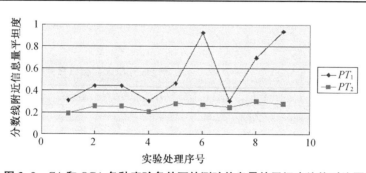

图 3-9　GA 和 QGA 各种实验条件下的测验信息量的平坦度均值对比图

独立样本 t 检验结果显示,两种算法的分数线附近信息量平坦度只有在第七种实验条件下不显著,其他情况下,量子遗传算法在各实验条件下都显著优于普通遗传算法。

表 3-18　GA 和 QGA 各种实验条件下 PT 的独立样本 t 检验的 p 值

	A_1B_1	A_1B_2	A_1B_3	A_2B_1	A_2B_2	A_2B_3	A_3B_1	A_3B_2	A_3B_3
p	<0.05	<0.05	<0.05	<0.05	<0.05	<0.05	0.076	<0.05	<0.05

3.4.4 选题时间

表 3-19 分别为普通遗传算法和量子遗传算法在各实验条件下的选题时间的均值,表中 T_1 和 T_2 分别为 GA 和 QGA 的选题时间。图 3-10 为相应的算法选题时间对比图。从表 3-19 中我们能够看到量子遗传算法的最小选题时间为 24.407 s,最大为 308.74 s,而普通遗传算法中,比量子遗传算法的最大选题时间短的为种群大小为 40,迭代次数为 100,时间均值 $M=193.7 < 308.74$;种群大小为 80,迭代次数为 100 时,时间均值 $M=303.2 < 308.74$。但是在这两种实验条件下,普通遗传算法的最大测验信息量的均值小于量子遗传算法,$M(40,100)=33.885 < 34.628$,$M(80,100)=33.838 < 36.186$,因此虽然普通遗传算法在这两种实验条件下的选题时间比量子遗传算法的最大选题时间短,但是最大信息量都不及量子遗传算法,且信息量的稳健度不及量子遗传算法。

表 3-19　GA 和 QGA 各种实验条件下的选题时间的平均数(M)　　　　单位: s

		A_1B_1	A_1B_2	A_1B_3	A_2B_1	A_2B_2	A_2B_3	A_3B_1	A_3B_2	A_3B_3
T_1	M	193.7	544.2	905.4	303.2	849.8	1 393.8	451.2	1 302.7	2 084.8
T_2	M	24.407	82.544	140.53	31.388	128.74	214.85	61.984	194.71	308.74

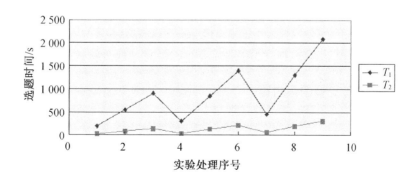

图 3-10　GA 和 QGA 各种实验条件下选题时间的平均数对比图

在普通遗传算法中,在其他实验条件下的选题时间都远远大于量子遗传算法的选题时间,当种群大小为 120,迭代次数为 500 时,选题时间高达 2 084.8 s,大约为 35 min,而量子遗传算法对应条件下的选题时间 308.74 s(约 5 min),普通遗传算法比量子遗传算法多半个小时。因此,在选题时间上,量子遗传算法具有普通遗传算法无法超越的优越性。

3.5 研究讨论

3.5.1 GA 选题实验结果讨论

普通遗传算法各参数选题的实验结果表明,九种参数实验条件下分别进行 20 次选题的分数线 θ_0 处的测验信息量 I_0 都比较大,但是相应的标准差也大。因此可以认为遗传算法选题性能极其不稳定,不利于组平行试卷。

种群大小为 120 和 80 时,分数线附近信息量平坦度均值不存在显著差异,但是种群大小为 80 的选题时间(898 s)比种群为 120 的选题时间(1 461 s)短近一半,因此当种群数目达到 80 时,无须继续增大种群数目。

迭代次数大小两两比较结果显示,迭代次数为 500 时的信息量平坦度值显著大于迭代次数为 300 时;迭代次数为 300 时的平坦度值显著大于迭代次数为 100 时,说明迭代次数越大,分数线处信息量越不平坦,选题的误差越大。

综上所述,普通遗传算法进行本次选题实验时,种群大小和迭代次数越大,分数线处的测验信息量越大,但是多次选题的标准差也越大,算法不稳健;种群大小和迭代次数越小,分数线处的测验信息量越小,分数线附近信息量平坦度越好,选题时间越短。因普通遗传算法选题的整体效果不好,所以就无须寻找各参数条件下的最优选题结果,以上实验只用于与量子遗传算法选题进行比较。

3.5.2 QGA 选题实验结果讨论

通过量子遗传算法多种参数组合的实验,得知分数线处对应的能力值 θ_0 处的测验信息量 I_0 在种群大小为 40 和 80 时存在显著差异,当种群数量进一步增大到 120 时,I_0 与种群为 80 时的最大信息量值相比,不再有显著性增加,但当迭代次数为 300 时,种群大小为 120 的选题时间($M = 194.76$)比种群大小为 80($M = 128.74$)时大约多 60 s;迭代次数为 500 时,种群大小为 120 的选题时间($M = 308.74$)比种群大小为 80($M = 214.85$)时大约多 90 s。因此,在迭代次数相同,选题的测验信息函数值没有显著差异的情况下,我们选择选题时间短的参数组合,即选择种群大小为 80,不再进一步增大种群大小到 120。

另外,种群大小的不同也影响了测验信息量平坦度,种群大小为 40 和 120 时,信息量的平坦度存在显著差异。种群大小为 40 的平坦度 $M=0.23$, $SD=0.07$,种群大小为 120 的平坦度 $M=0.275$, $SD=0.07$, $M(PT40)<M(PT120)$,种群大小为 40 时,信息量的平坦度大于种群大小为 120 时,选题效果较好。

迭代次数对信息量的平坦度也存在影响,迭代次数为 100 和 300,100 和 500 两组时,平坦度存在显著差异。迭代次数为 100 时,平坦度 $M=0.215$, $SD=0.07$;迭代次数为 300 时,平坦度 $M=0.279$, $SD=0.07$;迭代次数为 500 时,平坦度 $M=0.268$, $SD=0.07$。 迭代次数为 100 时的平坦度大于迭代次数为 300 和 500 时,选题效果较好。

综上所述,种群大小从 40 到 80,最大测验信息量将显著增加,平坦度无差异,选题时间也将增加。种群大小从 80 到 120,最大测验信息量没有显著增加,平坦度无差异,选题时间也将增加。迭代次数从 100 到 300,最大测验信息量将显著增加,选题时间也将增加,迭代次数为 100 时信息量平坦度大。迭代次数从 300 到 500,最大信息量将显著增加,平坦度无差异,选题时间也将大大增加。因此,可以认为,量子遗传算法用于 HSK 选题时,算法在种群大小为 80,迭代次数为 500 时,最大测验信息量达到目标,且算法收敛,进一步增大种群数目和迭代次数,适应度函数值也不再增加。

因此,采用量子遗传算法选题时,若只考虑分数线处测验信息量要尽量大,不考虑平坦度和选题时间,则可选择种群大小为 80,迭代次数为 500;若考虑信息量要尽量大,平坦度也大,且选题时间短,则可以选择种群大小为 80,迭代次数为 300。

3.5.3 GA 和 QGA 选题性能比较结果讨论

普通遗传算法和量子遗传算法的对比结果显示,在同样的种群大小和迭代次数下,普通遗传算法虽然在大部分情况下的最大测验信息量大于量子遗传算法,但是从选题时间、算法的稳健性的角度来看,量子遗传算法的选题时间大大短于普通遗传算法,稳健性大大优于普通遗传算法。

量子遗传算法在各实验条件下选题的最大测验信息量的标准差大都在 1.5 左右,但是普通遗传算法的标准差最小为 2.334,最大的高达 17.170。因为 HSK 考试每年考 12 次,并且为了试题的安全性,能够在各国施测不同的平行试卷,若用普通遗传算法,试卷的稳健性将无法得到保证,会浪费选题时间,产生许多无效试卷。

对两种算法在各实验条件下的 PT 值做独立样本 t 检验,结果显示量子遗传算法在各实验条件下的信息量平坦度都显著优于普通遗传算法。

量子遗传算法的区分度标准差都小于普通遗传算法的区分度标准差。量子遗传算法在各种实验条件下的区分度均值都在 0.81 左右,而普通遗传算法最大的区分度值达到 1.033 3(种群大小 80,迭代次数 500)。区分度的值过大,算法在选题时将会过多选择区分度大的题目,区分度大的题目的曝光度会增大,因此普通遗传的区分度 a 的稳健度不及量子遗传算法。另外,量子遗传算法在难度 b 和猜测度 c 方面的稳健度都要高于普通遗传算法。

量子遗传算法在各参数组合下的选题时间都大大短于普通遗传算法。

3.6 小结

本研究比较了量子遗传算法和普通遗传算法用于选题方面的效果,并寻找两种算法中的较优算法的最佳参数组合。

本章首先对本次选题的要求做出说明,包括试题的心理计量学指标(难度、区分度、猜测度),还有试题的约束条件(题型、字数、总分),最后将分数线处测验信息量定义为所有算法的适应度函数。

其次对遗传算法原理以及模型进行了简介,并对普通遗传算法进行了不同参数组合下的选题实验。进行多种参数组合下的选题实验,一是为了寻求算法最合适的种群大小和迭代次数,因为当算法的种群大小和迭代次数达到一定程度,算法将收敛。二是对多种不同参数组合进行选题,能够比较两种算法在各种参数条件下的选题结果的优劣,只有在所有或大多数相应参数组合下优,才算较优算法。三是从各种参数组合中选出最优的选题结果与其他算法进行算法综合性能比较。实验采用 3×3 的双因素完全随机设计,得到的实验数据包括分数线处最大测验信息量、选题时间以及分数线附近信息量的平坦度,对数据进行分析。

再次对量子遗传算法进行了简介及模型的介绍。为了便于两种算法的比较,量子遗传算法的选题参数取值同普通遗传算法,实验设计也相同,对实验数据进行分析,找出本次实验中量子遗传算法选题的最优参数组合。

最后将普通遗传算法和量子遗传算法的选题综合性能进行比较,评价算法的指标主要有算法的稳健性(分数线处测验信息量的标准差,平均信息量的标准差,区分度 a、难度 b、猜测度 c 的均值和标准差)、分数线处测验信息量平均值的大小、分数线附近三点处信息量的平坦程度、选题时间的长短。普通遗传算法除了在分数线处测验信息量平均值方面优于量子遗传算法外,其他各方面都明显差于量子遗传算法。但是普通遗传算法在同样参数下组多份试卷时分数线处最大测验信息量的标准差远远大于量子遗传算法,选题结果很不稳定,因此即使测验信息量平均值大也是无效试卷,因为本研究需要组多份平行试卷。所以量子遗传算法在本次选题实验中要优于普通遗传算法。

第 4 章

基于 IRT 的粒子群和量子
粒子群算法选题实验

4.1 基于 IRT 的粒子群算法选题实验

粒子群算法常被广泛用于求解最优化问题,选题问题也是一个多目标优化问题,且有一些学者对选题问题进行了研究,说明粒子群算法用于选题是可行的。以往的粒子群算法选题的心理计量学指标是基于普通测量理论的,不同于以往的粒子群选题研究,本研究是基于项目反应理论,且粒子群算法和选题目标都不同于前人的研究。

4.1.1 粒子群算法(PSO)简介

粒子群算法(Particle Swarm Optimization, PSO)是美国社会心理学家 Kennedy 博士和电气工程师 Eberhart 博士于 1995 年共同提出的。它是一个社会模型简化的仿真,是模拟鸟群寻找栖息地得到的一种优化算法。生物学家 Frank Heppner 在研究鸟类飞向栖息地的行为时,初步建立了一种模型,假设在初始时间,每一只鸟都是漫无目地飞行的,它们并不知道栖息地在哪儿,但是知道自己当前离栖息地有多远,因此找到栖息地最简单的方法就是搜寻目前离栖息地最近的鸟的区域,直至某只鸟找到了栖息地,其他的鸟也会受到该鸟的启发飞向栖息地,更多的鸟会离开原地飞向栖息地,形成新的鸟群,可见周围的鸟会对别的鸟的行为产生影响。受此启发,Eberhart 和 Kennedy 修正了 Heppner 的模型,他们用粒子来代替鸟群的概念,将其群体中成员描述成没有质量、没有体积,但是需要描述其速度和加速状态。

粒子群优化算法本质上是通过群体中个体的信息共享和合作来搜索问题的最优解。该算法原理简单易懂、容易实现、搜索速度快、搜索范围大,本质上是一种并行的全局性随机搜索算法,所需要的参数少,也易于与其他算法相结合。

1. 粒子群算法的数学模型

在粒子群优化算法中,每个粒子代表搜索空间中的一个可能解。鸟(粒子)在寻找栖息地的过程中,会不断地改变自己的速度和位置,开始时鸟会比较分散,逐渐地它们会聚成一群,这个群体会忽上忽下、忽左忽右运动,直至栖息地(最优解)被找到。那么这些粒子是如何运动的?是按照什么规律进行运动的?

粒子群优化算法类似于蚁群算法,亦是根据对环境的适应度,个体移动到好的区域。在算法中,每个个体都可以被看作是 D 维搜索空间中的一个粒子,在搜索空间中以一定的速度飞行。在寻优过程中,除了根据自己以往的飞行经验,群体中的每个个体都会从邻近个体的飞行经验中得到信息,粒子会根据这两种经验来动态调整自己飞行的速度。

假设 D 维空间中有 m 个粒子,第 i 个粒子的位置可以表示为 $x_i = (x_{i1}, x_{i2}, \cdots, x_{iD}), i = 1, 2, 3, \cdots, m$,对于第 i 个粒子经历过的最好的位置(最佳适应度)可以表示为 $p_i = (p_{i1}, p_{i2}, \cdots, p_{iD})$,也记作 P_{best},对于整个群体而言,所有粒子经历过的最好位置可以用 g_{best} 表示。每个粒子的速度可以用 V_i 来表示,$V_i = (v_{i1}, v_{i2}, \cdots, v_{iD})$,不同于其他算法对个体使用演化算子,粒子群算法通过不断更新粒子的局部最优解和全局最优解来进行算法迭代,对于每一代,其第 d 维速度和位置的更新根据下面的方程变化:

$$v_{id}^k = wv_{id}^{k-1} + c_1 \text{rand}_1(p_{id} - x_{id}^{k-1}) + c_2 \text{rand}_2(p_{gd} - x_{id}^{k-1}) \tag{4-1}$$

$$x_{id}^k = x_{id}^{k-1} + v_{id}^{k-1} \tag{4-2}$$

式中,k 为迭代次数;

v_{id}^k 为第 k 次迭代粒子 i 飞行的速度矢量的第 d 维分量;

w 为惯性权重,是保持原来的速度的系数;若 w 较小,则可以使群体搜索到最佳位置的机会变大;若 w 较大,则有利于在更大的范围内搜索;

c_1 和 c_2 为加速度常数,一般介于 0 到 4 之间;

rand_1 和 rand_2 为 $[0, 1]$ 之间的两个随机数;

x_{id}^k 为第 k 次迭代粒子 i 飞行的位置矢量的第 d 维分量;

p_{id} 为粒子 i 最好位置的第 d 维分量;

p_{gd} 为粒子群体最好位置的第 d 维分量。

粒子存在最大限制速度 $V_{\max}$，若粒子的加速度导致它在某维的速度 V_{id} 超过该维的最大速度 $V_{\max}^d$，那么该维的速度被限制为 $V_{\max}^d$。粒子的速度更新受三部分影响：①先前的速度；②粒子的"自我认知"部分，即粒子认为的当前的位置与自己经历的最好位置之间的距离；③粒子的"社会认知"部分，即粒子当前位置与群体最好位置之间的距离。

2. 粒子群算法的参数设置

粒子群算法需要设置的参数包括种群规模 m、惯性权重系数 w、加速度常数 c_1 和 c_2、最大速度 $V_{\max}$、最大迭代次数 $G_{\max}$。

（1）种群规模

一般而言，最优化问题的维数越高，所需群体的规模也就越大。

（2）惯性权重系数

该系数使粒子保持一定的惯性运动，目的是扩展其搜索空间。若 $w=0$，则速度的更新就只受粒子的个体最优位置和群体最优位置影响。假设某粒子已到达全局最优解，它将保持静止，其他的粒子则飞向自己的最佳位置和全体最优位置的加权中心。此时的算法更易陷入局部最优，粒子探测到的区域是有限的，因此通过调整 w 的大小能够调整算法全局和局部搜索能力。

（3）加速常数

加速常数 c_1 和 c_2 代表每个粒子飞向个体最好和群体最好位置的统计加速权重系数。若加速太大，则粒子容易超过目标区域；若加速太小，则粒子能够在被拉回来之前在目标区域外徘徊。若 $c_1=0$，则粒子没有个体认知能力，粒子在搜索最优解的过程中虽然有能力探索新的解空间，但是对于稍复杂的问题就会容易陷入局部最优。若 $c_2=0$，则粒子没有社会认知能力，不能从其他粒子那里受到启发，个体之间没有交互，种群规模为 m 的粒子就相当于单独进行了 m 次搜索，算法的性能大大降低。c_1 和 c_2 通常固定取 2。

（4）最大限制速度

最大限制速度将影响当前位置与最优位置之间区域的精度，若 $V_{\max}$ 太大，则算法的精度会降低，粒子可能很容易飞过最好的解；若 $V_{\max}$ 太小，则粒子很难对局部最优值之外的区域进行搜索。我们在算法中若是使用了惯性权重因子便能够消除对 $V_{\max}$ 的需要，因此这两者的作用都是维持全局和局部搜索能力的平衡。

4.1.2 粒子群算法选题的实验步骤

粒子群算法虽然在各领域得到了广泛的运用,在选题领域也有一些研究,但是研究成果不多,且方法各异,并且关于其几个重要参数的设置,还缺乏成熟的理论指导和标准。大多数研究采用试探法,但是粒子群算法的各参数取值范围较大,若只取某些值进行简单实验,这种情况下的参数取值随意性很强。大多数已有的参数设定研究采用先固定一个参数再寻找其他参数的最优值,这种方法称为单因素法,优点是简单易操作,但是各参数之间是否存在相互联系,目前还没有定论。因此,仅仅采用这些粗糙的参数选择方法是不太科学的,且各类问题的最优参数配置可能也不尽相同。对于选题问题,我们采用以下步骤来寻求粒子群算法的最佳参数配置:

（1）用 MATLAB 2012 编制选题的粒子群算法程序。

（2）PSO 算法参数实验设计:对粒子群算法的参数寻优采用正交设计。按照确定实验因素及水平、选择正交表、设计表头、列实验方案的顺序进行实验设计。

（3）PSO 选题实验数据获得:对照实验方案,采用粒子群算法进行选题,记录每次选题的输出信息,每个水平组合下进行 20 次实验,得到实验数据。

（4）分析实验结果:对实验结果进行方差分析,探索各因素是否对选题效果存在影响。因为粒子群算法的参数与量子粒子群算法参数不完全相同,为了对两种算法进行比较,所以要找出两种算法中影响选题结果的最优参数。

4.1.3 粒子群算法选题的算法设计

1. 编码方式

算法的试题编码采用实数编码方式,假设在一个 M 维的目标搜索空间中有 n 个粒子,每个粒子的位置便表示一个潜在解。在选题问题中,一个粒子是一个试题集 $C = \{C_1, C_2, \cdots, C_d\}$,本研究的粒子空间维数 D 为试题的总数 100,每个粒子代表 100 道题目的组合,每个粒子用一个向量表示,向量的取值就是试题对应的编码。若粒子数为 40,初始粒子便为 40×100 的矩阵,粒子群算法的初始 40 个粒子不断飞行,更新位置和速度,直到寻找到项目信息函数最大的一组试题代表的那个粒子。

2. 试题更新策略

粒子群算法的速度和位置更新公式如式(4-1)和式(4-2)。

本实验的惯性权重 w 取 1,加速度常数 c_1 和 c_2 一般介于 1 到 4 之间,不同的优化问题最佳取值也不尽相同,因此,为了得到最佳的适应度函数,我们将进行粒子群算法选题实验。

3. 粒子群算法选题的算法流程

(1) 对试题进行编码,初始化种群,包括粒子随机的位置和速度,共 M 个粒子,每个粒子代表一个解。

(2) 使用目标函数计算适应度值,若适应度值达到目标值,则执行最后一步;若不达标,继续进行下一步。

(3) 记录最佳个体到 best,包括每个个体的最佳位置和适应度值,全局中的所有个体最佳位置和适应度值。

(4) 对粒子的速度和位置按公式(4-1)和公式(4-2)进行更新,得到最新解。

(5) 调整个体,若得出的解不满足测验蓝图的要求,比如有两道题相同,则变更其中一道题,再次生成新的解,并计算适应度。

(6) 若达到最大迭代次数,则转向步骤(7);否则返回步骤(2)。

(7) 输出试题的最佳组合,最大信息函数值,所选题的区分度 a、难度 b、猜测度 c 的平均值。

4.1.4 粒子群算法选题的参数实验设计

在进行心理学实验或其他领域的实验设计时,若是单因素或者双因素实验,实验的设计和操作都较为简单,但若要对三个或三个以上因素进行实验设计,普通的方法需要进行的实验次数便较多,有时复杂到难以进行实验,因此可以考虑选择一些具有代表性的因素水平组合进行实验。例如,四因素四水平的实验,若是用普通的实验设计,要进行 64 次实验;若是同一水平进行多次重复实验,需要的实验次数就更多。粒子群算法选题在相同的实验条件下每次实验的结果都是不固定的,所以必然要进行多次重复实验,如此,实验的时间开销将巨大。

全面实验的优点是能够分析各因素的主效应和交互效应,并寻找出最优水平组合,但缺点是工作量太大。因此,若实验的主要目的是寻找最佳水平组合,则可以考虑用正交实验设计。

正交实验设计是一种高效的实验方法,它能够从全面实验中选取有代表性的水平组合进行均衡实验,研究者可以通过对这部分的实验结果进行分析来了解全面实验的情况,最终找到最优的实验水平组合。

1. 正交实验设计流程

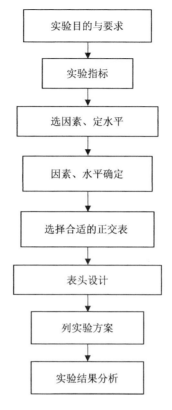

图 4-1　正交实验设计流程图

流程图内容（自上而下）：
实验目的与要求 → 实验指标 → 选因素、定水平 → 因素、水平确定 → 选择合适的正交表 → 表头设计 → 列实验方案 → 实验结果分析

2. 确定因素水平

前人的研究表明,加速度常数 c_1 和 c_2、粒子数 m 和迭代次数 d 对于粒子群算法的运行结果有明显影响,因此本实验需要调节的参数有以上四个。c_1 和 c_2 通常取 $1 \sim 4$,本实验中取 1,2,3 和 4,共四个水平。粒子数一般取问题解规模的 $\sqrt{n}$ 至 $\dfrac{n}{2}$(n 为问题解规模),因本研究的问题解为 100,因此粒子数在 10 到 50 之间较好,但是当粒子数为 10 时,选题几乎不成功,即最大信息量在 25 以下,因此将粒子数的最小值设为 20。为了方便实验设计,粒子数水平也同 c_1,c_2 一样取四个水平:20, 40,60,80。迭代次数越大,实验的结果一般越好,但是当迭代次数大到一定程度时,算法将收敛,实验结果将稳定于某个值。本实验的迭代次数也取四个水平: 100,300,500,700。

因此本实验各因素水平如下：

c_1：1,2,3,4

c_2：1,2,3,4

m：20,40,60,80

d：100,300,500,700

本实验各水平组合下各进行 20 次重复实验,以提高实验结果的可靠性。

3. 选择正交表

正交表的选择原则是在能够安排得下实验因素和交互作用的前提下,尽可能选用较小的正交表,以减少实验次数。本实验是一个四因素四水平的正交实验设计,查询正交表可知五个因素四水平的正交表 $L_{16}(4^5)$ 最适合本实验,共需要做 16 次实验,比全面实验 64 次要简单易操作,第五列为空列,可用于计算实验结果的误差,该正交表如表 4-1 所示。

表 4-1　正交表 $L_{16}(4^5)$

行号	列号				
	1	2	3	4	5
1	1	1	1	1	1
2	1	2	2	2	2
3	1	3	3	3	3
4	1	4	4	4	4
5	2	1	2	3	4
6	2	2	1	4	3
7	2	3	4	1	2
8	2	4	3	2	1
9	3	1	3	4	2
10	3	2	4	3	1
11	3	3	1	2	4
12	3	4	2	1	3
13	4	1	4	2	3
14	4	2	3	1	4
15	4	3	2	4	1
16	4	4	1	3	2

4. 表头设计

表头设计,就是把实验因素和要考查的交互作用分别安排到正交表的各列中的过程。

若不考查交互作用,则各因素可随机安排在各列上;若考查交互作用,则应按所选正交表的交互作用列表安排各因素与交互作用,以防止设计"混杂"。

前人的研究表明,粒子群算法中的四个参数不存在显著的交互作用,因此本实验不考查交互作用,可将因素 c_1, c_2, m, d 依次安排在正交表 $L_{16}(4^5)$ 的第 1,2,3,4 列上,如表 4-2 所示。

表 4-2　表头设计

列号	1	2	3	4	5
因素	c_1	c_2	m	d	空列

5. 编制实验方案

把正交表中安排各因素的列中的每个水平数字换成该因素的实际水平值,便形成了表 4-3 中的正交实验方案。

表 4-3　粒子群选题实验正交实验表

	c_1	c_2	m	d	空列
1	1	1	20	100	1
2	1	2	40	300	2
3	1	3	60	500	3
4	1	4	80	700	4
5	2	1	40	500	4
6	2	2	20	700	3
7	2	3	80	100	2
8	2	4	60	300	1
9	3	1	60	700	2
10	3	2	80	500	1
11	3	3	20	300	4
12	3	4	40	100	3
13	4	1	80	300	3
14	4	2	60	100	4
15	4	3	40	700	1
16	4	4	20	500	2

4.1.5 粒子群算法选题的实验程序

（1）按汉语水平考试(HSK)的测验蓝图形成模拟题库,题库同本书中3.1.1节的实验。

（2）用 MATLAB 2012 编制粒子群算法程序。程序的 GUI 界面如图 4-2 所示。

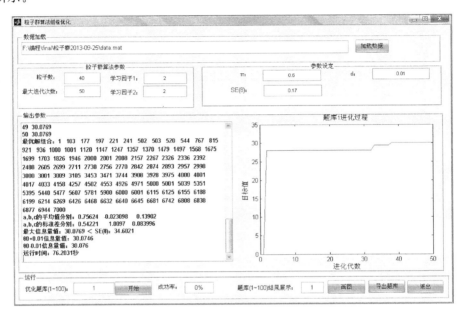

图 4-2　粒子群算法程序的 GUI 界面

（3）粒子群算法的加速度常数 c_1，c_2 一般都取 1,2,3,4,分数线取 0.6,分数线附近的区间取 0.1,测量标准误取 0.2,可输入的参数都能够根据命题人的要求进行取值。

（4）每种实验条件下各运行 20 次,对实验结果用 SPSS 19.0 软件进行方差分析等。

4.1.6 粒子群算法选题的实验结果

用正交设计的方法得到的实验数据,通常采用方差分析法对数据进行分析。

1. 分数线处测验信息量

方差齐性检验结果显示各组数据方差齐性,$F(15, 304)=1.608$，$p=0.07$。方差分析结果显示,加速度常数 c_1 的主效应不显著,$F(3, 76)=1.528$，$p=0.207$，

偏 $\eta^2 = 0.015$，power$=0.402$,因此 c_1 取任何值对分数线处测验信息量都没有影响。

加速度常数 c_2 的主效应也不显著，$F(3, 76) = 0.587$，$p = 0.624$，偏 $\eta^2 = 0.006$，power$=0.171$,因此 c_2 取任何值对分数线处测验信息量都没有影响。

粒子数 m 的主效应显著，$F(3, 76) = 12.619$，$p < 0.05$,偏 $\eta^2 = 0.11$，power$=1$;采用 LSD 方法进行两两比较,当粒子数为 60 和 40,80 和 60 时,它们对分数线处测验信息量的影响没有显著差异,p 值分别为 0.106 和 0.129,当粒子数为其他情况时,大的粒子数对分数线处信息量的影响显著大于小的粒子数,p 值都显示 $p < 0.05$。

迭代次数 d 的主效应显著，$F(3, 76) = 17.568$，$p < 0.05$,偏 $\eta^2 = 0.147$，power$=1$。采用 LSD 方法进行两两比较,当迭代次数为 300 和 500 时,它们对分数线处信息量的影响没有显著差异,$p = 0.842$;当迭代次数为 100 和 300,300 和 700,500 和 700 时,它们对分数线处信息量的影响存在显著差异,p 值都显示 $p < 0.05$。

表 4-4 是四个参数在四个不同水平上对应的最大测验信息量均值。

表 4-4　PSO 算法各因素水平对应的最大测验信息量均值(M)

c_1	M	c_2	M	m	M	d	M
1	33.495	1	33.409	20	32.287	100	32.103
2	33.222	2	33.551	40	33.172	300	33.366
3	33.632	3	33.185	60	33.697	500	33.430
4	32.998	4	33.203	80	34.190	700	34.448

表 4-4 中第一、三、五、七列为参数取值,第二、四、六、八列为最大测验信息量均值。由于 c_1 和 c_2 的取值对分数线处测验信息量的影响没有显著差异,因此粒子群算法选题时 c_1 和 c_2 取 1,2,3,4 中任意值,m 为 80,d 为 700 时,分数线处测验信息量最大。

2. 信息量平坦度

方差齐性检验结果显示各组数据方差齐性,$F(15, 304) = 2.125$，$p = 0.009$。方差分析结果显示,c_1 的主效应不显著，$F(3, 76) = 1.679$，$p = 1.717$,偏 $\eta^2 = 0.016$，power$=0.438$,因此 c_1 取任何值对分数线附近信息量平坦度没有影响。c_2 的主效应不显著，$F(3, 76) = 0.038$，$p = 0.99$,偏 $\eta^2 = 0.006$，power$=0.057$,因此 c_1 取任何值对分数线附近信息量平坦度没有影响。m 的主效应显著，

$F_{(3, 76)} = 4.607$，$p = 0.04$，偏 $\eta^2 = 0.043$，power $= 0.888$，因此 m 取不同值对分数线附近信息量平坦度有影响。d 的主效应显著，$F_{(3, 76)} = 7.801$，$p < 0.05$，偏 $\eta^2 = 0.071$，power $= 0.989$，因此 d 取不同值对分数线附近信息量平坦度有影响。

表 4-5 是四个参数在四个不同水平上对应的分数线附近信息量平坦度均值。

表 4-5　PSO 算法各因素水平对应的分数线附近信息量平坦度均值(M)

c_1	M	c_2	M	m	M	d	M
1	0.243	1	0.243	20	0.222	100	0.218
2	0.242	2	0.244	40	0.254	300	0.245
3	0.26	3	0.246	60	0.257	500	0.25
4	0.238	4	0.245	80	0.249	700	0.268

表 4-5 中第一、三、五、七列为参数取值，第二、四、六、八列为分数线附近信息量平坦度均值。由于 c_1 和 c_2 的取值对分数线处测验信息量平坦度的影响没有显著差异，因此粒子群算法选题时 c_1 和 c_2 取 1,2,3,4 中任意值，m 为 20，d 为 100 时，分数线附近信息量平坦度最优。

3. 选题时间

表 4-6 为四个参数在四个不同水平上对应的选题时间均值。

表 4-6　PSO 算法各因素水平对应的选题时间均值(M)　　　　单位：s

c_1	M	c_2	M	m	M	d	M
1	955.732	1	829.018	20	336.743	100	198.718
2	620.465	2	697.935	40	620.908	300	637.032
3	888.437	3	663.876	60	965.891	500	941.504
4	649.747	4	923.552	80	1 190.839	700	1 337.128

从表 4-6 可以得知，m 为 20，d 为 100 时，选题时间最短。

4.2　基于 IRT 的量子粒子群算法选题实验

采用粒子群算法进行选题有少量学者探索过，但是还未有学者用量子粒子群算法进行过选题。粒子群算法虽较量子粒子群算法简单易操作，但是粒子的收敛是以轨道的形式完成的,粒子又有最大速度的限制,因此其每次的搜索范围有限,有学者在粒子群算法的基础上提出了量子粒子群算法(Quantum Particle Swarm Optimization,QPSO),并被广泛应用于各领域解决优化问题,都取得了较好的效果。

本实验探索量子粒子群算法选题的效果及参数最佳组合值,并将量子粒子群算法选题得到的结果与粒子群算法进行比较。

4.2.1 量子粒子群算法(QPSO)简介

粒子群算法虽然有很多的优点,但是 van den Bergh 曾证明它只能搜索有限的解空间,无法覆盖整个区域,因此 PSO 算法不能做到全局收敛。在粒子群算法中,粒子的运动轨迹受到某点的影响,该点像存在一个势能场一样吸引别的粒子,比如该点为 P,它作为吸引点,随着时间的变化,粒子逐渐接近 P,因此整个粒子群最后聚在一起意味着找到最优解。但是,在普通的粒子群算法中,粒子的运动是有一定的轨道的,并且存在最大限制速度,因此不可能搜索全范围。这是普通粒子群算法的最大缺陷。因此有很多学者对其进行了改进,受到量子物理学的启发,Sun 等人在 2004 年提出了一种基于量子计算的粒子群优化算法,在普通力学中,粒子按照一定的轨迹运动的,可以对它的运动状态做确切描述,运动状态的变化也遵循牛顿定律。在量子空间中,粒子的运动并没有确切的轨道,粒子具有波粒二象性,它的速度和位置也是不能够同时确定的,粒子的状态也不能描述为位置矢量和速度矢量的形式。只有波函数能描述量子空间中的粒子状态,波函数对粒子描述的结果只是一种概率,其模的平方表示粒子在某位置出现的概率密度。在量子粒子群算法中,粒子能够在整个可行解的空间运动,因此改进的算法能够极大地弥补普通粒子群算法的缺陷,提高算法的搜索性能。

量子粒子群算法具有以下一些优点:一是量子系统中的粒子具有叠加态,因此种群能够多样化。二是量子系统具有不确定性,搜索路径不同于普通的粒子群算法,它没有规定的轨迹,算法的粒子状态用波函数表示,位置用概率密度函数表示,粒子可能以某种概率出现在解的空间的任何一个位置。因此,算法具有更强的搜索能力,更广的搜索范围。三是量子粒子群算法需要调整的参数极少,降低了参数组合优化的难度。四是量子粒子群算法中的所有粒子的平均最好位置使粒子之间协作能力提高,因此算法全局的搜索能力得到增强。

4.2.2 量子粒子群算法选题的实验步骤

（1）用 MATLAB 2012 编制选题的量子粒子群算法程序。

（2）QPSO 算法参数实验设计：对量子粒子群算法的参数寻优采用正交设计。按照确定实验因素及水平、选择正交表、设计表头、列实验方案的顺序进行实验设计。

（3）QPSO 选题实验数据获得：对照实验方案，采用量子粒子群算法进行选题，记录每次选题的输出信息，每个水平组合下进行 20 次实验，得到实验数据。

（4）分析实验结果：对实验结果进行方差分析，探索各因素是否对选题效果存在影响，并寻求量子粒子群算法的最优组合参数。

4.2.3 量子粒子群算法选题的算法设计

1. 编码方式

在量子粒子群算法中，试题的编码也采用实数编码方式。在选题问题中，本研究的粒子空间维数 D 为试题的总数 100，一个粒子代表 100 道题目的集合，集合可表示为 $C = \{C_1, C_2, \cdots, C_d\}$，每个粒子用一个向量表示，向量的取值就是试题对应的编码。

2. 试题更新策略

在量子粒子群算法中引入 δ 势降，假设粒子在以点 P 为中心的 δ 势降中。粒子出现在 x 位置的状态用下列波函数来表示：

$$\varphi(x) = \frac{1}{\sqrt{L}} \exp\left(\frac{-|p-x|}{L}\right) \tag{4-3}$$

$$L = 1/\beta \tag{4-4}$$

式中，L 为粒子出现在相对点的概率，再运用 Monte Carlo 随机模拟的方法得到粒子的位置方程：

$$X = P \pm \frac{L}{2} \ln\left(\frac{1}{u}\right) \tag{4-5}$$

式中，u 为 0 到 1 均匀分布的随机数；

L 为 δ 势降的特征长度，它指定了粒子的搜索范围，并且会随时间的变化而变化。

$$X_{t+1} = P \pm \frac{L(t)}{2} \ln \left[\frac{1}{u(t)} \right] \tag{4-6}$$

式中，t 为离散型时间，$u(t) \sim u(0,1)$，若 t 趋向于正无穷，$L(t)$ 则趋向于 0，粒子的位置逐渐趋向于点 P。

上述情况是一维势降的，对于 d 维空间的问题，可以设吸引点 $P_i = (P_{i1}, P_{i2}, \cdots, P_{id})$，每一维将 P_d 作为坐标，以 P_{ij} 为中心形成一维 δ 势降，粒子 i 的每一维的波函数为：

$$\varphi \left[X_{i,j(t+1)} \right] = \frac{1}{\sqrt{L_{i,j(t)}}} \exp \left[- \frac{|x_{i,j(t+1)} - p_{i,j(t)}|}{L_{i,j(t)}} \right] \tag{4-7}$$

粒子的位置方程可以表示为：

$$X_{i,j(t+1)} = P_{i,j(t)} \pm \frac{L_{i,j(t)}}{2} \ln \left[\frac{1}{u_{i,j(t)}} \right] \quad u_{i,j(t)} \sim u(0,1) \tag{4-8}$$

若粒子规模较小，粒子会不稳定，此时用一个粒子最好的位置来吸引整个粒子群，会导致算法早熟。因此，在算法中引入平均最好位置（Mean Best Position，mbest）概念作为所有粒子的重心，QPSO 算法中没有速度矢量，粒子更新方程如下：

$$\text{mbest} = \frac{1}{M} \sum_{i=1}^{M} p_i(t) = \left(\frac{1}{M} \sum_{i=1}^{M} p_{i1}(t), \frac{1}{M} \sum_{i=1}^{M} p_{i2}(t), \cdots, \frac{1}{M} \sum_{i=1}^{M} p_{id}(t) \right) \tag{4-9}$$

式中，M 为粒子规模数；

d 为粒子的空间维数；

mbest 是粒子中所有粒子的平均最好位置点。

$$L_{i,j(t)} = 2\beta | \text{mbest}_{j(t)} - x_{ij(t)} | \tag{4-10}$$

$$p = \varphi \cdot p_{id} + (1 - \varphi) \cdot p_{gd} \tag{4-11}$$

式中，β 为收缩扩张系数；

φ 为 0 到 1 之间均匀分布的随机数；

p 为 p_{id} 和 p_{gd} 之间的随机数。

将式（4-9）～式（4-11）代入粒子的位置方程，可得：

$$X_{id}(t+1) = \left[\varphi \cdot p_{id} + (1 - \varphi) \cdot p_{gd} \right] \pm \beta \cdot | \text{mbest}_d - X_{id}(t) | \cdot \ln \left(\frac{1}{u} \right) \tag{4-12}$$

式中，p_{id}，p_{gd} 分别表示在粒子的第 d 维空间中，粒子 i 曾飞过的最好位置和全部粒子中所有粒子曾飞过的最好位置。在迭代过程中，"±"号是由随机数 u 的大小决定的，当 u 大于 0.5 时，取"—"号，其他情况取"+"号。β 为收缩扩张系数，它是量子粒子群算法中一个非常重要的参数，控制着粒子的收敛速度，它可以按照具体问题做动态变化。

$$\beta = w_1 - (w_1 - w_2)\text{ite}/\text{ite}_{\max} \tag{4-13}$$

β 随着迭代线性地从 w_1 递减到 w_2，w_1 为初始权重，w_2 为最终权重，ite 为当前迭代次数，$\text{ite}_{\max}$ 为最大迭代次数。

每个粒子用一个向量表示，对 QPSO 算法位置公式需要进行调整。粒子群算法常用于解决连续优化问题，被广泛应用于求解各类优化问题。选题问题是一个整数规划问题，因此，将量子粒子群算法用于求解选题问题的最优解时，必须对算法的粒子位置取整，不论是线性整数规划还是非线性整数规划，都要对粒子的位置进行整数规格化。进行整数规格化的方法主要包括最终取整、直接取整、随机取整三种，本研究采用直接取整法。

先通过量子粒子群算法找到各粒子对应的位置，当粒子到达下一位置之后，将各粒子的位置参数立即取整，然后计算其适应度，并找到各粒子的最优位置 pbest、所有粒子的平均位置 mbest 和全局最优位置 gbest，再计算下一个位置，进行取整，直到满足计算要求。

对式(4-12)进行直接取整得式(4-14)：

$$X_{id}(t+1) = (\text{int})[\varphi \cdot p_{id} + (1-\varphi) \cdot p_{gd}] + \beta \cdot |\text{mbest}_d - X_{id}(t)| \cdot \ln\left(\frac{1}{u}\right)$$

$$\tag{4-14}$$

此外，因为 x 更新后可能会超出取值范围(题号最大值)，所以要调整每个题型的题号到有效范围：function [Chrom] = change(Chrom, down, up)，Chrom 为调整前的个体，down 为题号下限，up 为题号上限。

3. 量子粒子群算法选题的算法流程

(1) 编码，初始化粒子群、粒子个体最优值 pbest(i)、群体最优值 gbest。每个粒子包含了从题库中随机地抽出各题型所需的试题，组成一套含有 100 道试题的试卷，共产生 M 个粒子组成的粒子群。

(2) 根据目标函数计算全体粒子的适应度，判断算法是否满足收敛条件，如果收敛,执行最后一步;否则,执行步骤(3)。

(3) 对于粒子群中的所有粒子,根据其适应度,更新个体最优位置 pbest(i)和群体最优位置 gbest;根据更新公式以一定概率取"+"号或"-"号,更新每个粒子的位置,生成新的粒子群体。

(4) 在所有最优粒子个体中,确定全局最优值。

(5) 比较当前全局最优值和前面的全局最优值,若当前的最优值优于前面的值,则将前面的最优值替换掉。

(6) 对于粒子的每一维,从 p_{id} 和 p_{gd} 中随机选取一个数。通过随机公式(4-11)将粒子更新到最新位置,找到最优解。

(7) 调整个体,若得出的解不满足测验蓝图的要求,比如有两道题相同,则变更其中一道题,再次生成新的解,计算适应度。

(8) 若达到最大迭代次数,则转向步骤(6);否则返回步骤(2)。

(9) 输出试题的最佳组合,最大信息函数值,所选题的区分度 a、难度 b、猜测度 c 的平均值。

4.2.4 量子粒子群算法选题的参数实验设计

因量子粒子群算法参数同样有四个,且可取水平较多,因此仍然采取正交实验设计。

根据前人的研究,量子粒子群影响优化问题的参数有惯性权重 w_1 和 w_2、粒子数、迭代次数。因此本研究假设对分数线附近最大测验信息量、信息量平坦度、选题时间有影响的主要有惯性权重 w_1 和 w_2、粒子数、迭代次数,因此本实验需要调节的参数有以上四个。惯性权重根据前人的研究一般为从 w_1 到 w_2 线性递减,其取值一般为从 1 到 0.3,所以根据前人的研究,再结合实验水平数目的需要,我们将各因素水平确立如下:

w_1:1.4,1.2,1,0.8

w_2:0.4,0.3,0.2,0.1

m:20,40,60,80

d:100,300,500,700

本实验各水平组合下进行 20 次重复实验,可提高实验结果的可靠性,减小误差。QPSO 参数实验仍然采用正交实验表 $L_{16}(4^5)$,编制实验方案如表 4-7 所示。

表 4-7　QPSO 算法参数实验方案表

	w_1	w_2	m	d	空列
1	1.4	0.4	20	100	1
2	1.4	0.3	40	300	2
3	1.4	0.2	60	500	3
4	1.4	0.1	80	700	4
5	1.2	0.4	40	500	4
6	1.2	0.3	20	700	3
7	1.2	0.2	80	100	2
8	1.2	0.1	60	300	1
9	1.0	0.4	60	700	2
10	1.0	0.3	80	500	1
11	1.0	0.2	20	300	4
12	1.0	0.1	40	100	3
13	0.8	0.4	80	300	3
14	0.8	0.3	60	100	4
15	0.8	0.2	40	700	1
16	0.8	0.1	20	500	2

4.2.5　量子粒子群算法选题的实验程序

（1）按汉语水平考试(HSK)的测验蓝图形成模拟题库,题库同本书 3.1.1 节。

（2）用 MATLAB 2012 编制量子粒子群算法程序。程序的 GUI 界面如图 4-3 所示。

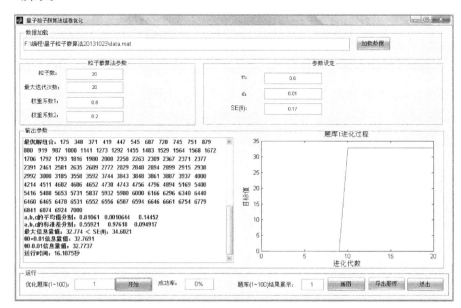

图 4-3　量子粒子群算法程序的 GUI 界面

基于项目反应理论和量子智能算法的选题策略研究

088

（3）量子粒子群算法的惯性权重 w_1 取值定为 1.4，1.2，1，0.8 和 w_2 取值定为 0.4，0.3，0.2，0.1，分数线取 0.6，分数线附近的测验信息函数值区间取 0.1，测量误差取 0.2，可输入的参数都能够根据命题人的要求进行取值。

（4）每种实验条件下各运行 20 次，对实验结果用 SPSS 19.0 软件进行分析。

4.2.6 量子粒子群算法选题的实验结果

用正交设计的方法得到实验数据，通常采用方差分析法对其结果进行分析。

1. 分数线处测验信息量

方差齐性检验结果显示各组数据方差齐性，$F(15, 304) = 1.324$，$p = 0.245$。方差分析结果显示，w_1 的主效应不显著，$F(3, 76) = 0.682$，$p = 0.569$，偏 $\eta^2 = 0.055$，power $= 0.179$，因此 w_1 取任何值对分数线处测验信息量均没有影响。

w_2 的主效应也不显著，$F(3, 76) = 0.626$，$p = 0.603$，偏 $\eta^2 = 0.051$，power $= 0.167$，因此 w_2 取任何值对分数线处测验信息量均没有影响。

m 的主效应显著，$F(3, 76) = 5.831$，$p < 0.05$，偏 $\eta^2 = 0.333$，power $= 0.928$。采用 LSD 方法进行两两比较，当粒子数量为 40 和 60，40 和 80，80 和 60 时，它们对分数线处测验信息量的影响没有显著差异，p 值分别为 $p = 0.607$，$p = 0.46$，$p = 0.214$；当粒子数为 40、60、80 时的测验信息量显著大于粒子数为 20 时，p 值都显示 $p < 0.05$。

d 的主效应显著，$F(3, 76) = 14.136$，$p < 0.05$，偏 $\eta^2 = 0.548$，power $= 1$。采用 LSD 方法进行两两比较，当迭代次数为 300 和 500 时，它们对分数线处测验信息量的影响没有显著差异，$p = 0.51 > 0.05$；当迭代次数为 100 和 300 时，100 和 500，100 和 700，300 和 700 时，500 和 700 时，它们对分数线处测验信息量的影响都存在显著差异，p 值都显示 $p < 0.05$。

表 4-8 是四个参数在四个不同水平上对应的分数线处测验信息量均值。

表 4-8   QPSO 参数各水平下的分数线处测验信息量均值(M)

w_1	M	w_2	M	m	M	d	M
1.4	33.646	0.4	33.149	20	32.006	100	32.649
1.2	33.165	0.3	33.863	40	33.816	300	33.145
1	33.714	0.2	33.310	60	33.820	500	33.454
0.8	33.057	0.1	33.261	80	34.241	700	35.335

表 4-8 中第一、三、五、七列为参数取值,第二、四、六、八列为分数线处测验信息量均值。由于 w_1 和 w_2 在取值范围内取任何值对最大测验信息量均没有影响,粒子数为 40,60,80 时的测验信息量没有显著差异,因此量子粒子群算法选题时,m 为 40,60,80,d 为 700 时,分数线处测验信息量最大。

2. 信息量平坦度

方差齐性检验结果显示各组数据方差齐性,$F(15, 304) = 1.34$,$p = 0.236$。方差分析结果显示,w_1 的主效应显著,$F(3, 76) = 6.836$,$p < 0.05$,偏 $\eta^2 = 0.37$,power $= 0.962$。采用 LSD 方法进行两两比较,结果显示:当 w_1 为 1.4 时的信息量平坦度值显著大于 1.2 时,$p < 0.05$。其他各种情况下,信息量平坦度均无显著差异。

w_2 的主效应显著,$F(3, 76) = 4.936$,$p < 0.05$,偏 $\eta^2 = 0.297$,power $= 0.877$。采用 LSD 方法进行两两比较,结果显示:当 w_2 为 0.4 时信息量平坦度小于 w_2 为 0.1 时,$p < 0.05$。其他各种情况下,信息量平坦度均没有显著差异。

m 的主效应显著,$F(3, 76) = 11.123$,$p < 0.05$,偏 $\eta^2 = 0.488$,power $= 0.998$。采用 LSD 方法进行两两比较,结果显示:当粒子数为 40 和 60,40 和 80,60 和 80 时,信息量平坦度没有显著差异,p 值分别为 $p = 0.17$,$p = 0.284$,$p = 0.755$。当粒子数 80,60,40 时的信息量平坦度值都大于粒子数为 20 时,p 值均显示 $p < 0.05$。

d 的主效应不显著,$F(3, 76) = 0.625$,$p = 0.604$,偏 $\eta^2 = 0.051$,power $= 0.167$,说明迭代次数的大小对信息量平坦度没有显著影响。

表 4-9 是四个参数在四个不同水平下对应的分数线附近信息量平坦度均值。

表 4-9　QPSO 参数各水平下的分数线附近信息量平坦度均值(M)

w_1	M	w_2	M	m	M	d	M
1.4	0.248	0.4	0.213	20	0.17	100	0.24
1.2	0.192	0.3	0.212	40	0.264	300	0.223
1	0.262	0.2	0.224	60	0.24	500	0.219
0.8	0.216	0.1	0.27	80	0.245	700	0.236

表 4-9 中第一、三、五、七列为参数取值,第二、四、六、八列为分数线附近信息

量平坦度均值。由表 4-9 和上述方差分析结果可知,当 w_1 为 1.2,w_2 为 0.3,0.4,0.2,m 为 20,d 为 500 时,平坦度最小,也即量子粒子群算法选题的最优参数组合。

3. 选题时间

表 4-10 为四个参数在四个不同水平下对应的选题时间均值。

表 4-10 QPSO 参数各水平下的选题时间均值(M)   单位: s

w_1	M	w_2	M	m	M	d	M
1.4	858.910	0.4	559.802	20	160.675	100	150.065
1.2	421.023	0.3	530.492	40	231.086	300	404.865
1	592.740	0.2	530.337	60	501.852	500	808.225
0.8	458.099	0.1	710.141	80	665.152	700	1 117.617

由表 4-10 可知,当 w_1 为 1.2,w_2 为 0.2,m 为 20,d 为 100 时,量子粒子群算法的选题时间最短。

4.3 量子粒子群算法与普通粒子群算法性能比较

为了比较量子粒子群算法和普通粒子群算法的综合性能,我们将以下几点作为算法的评价指标:

(1) 算法的稳健度(最大测验信息量的标准差,区分度 a、难度 b、猜测度 c 的均值和标准差)。

(2) 最大测验信息量平均值的大小。

(3) 分数线附近信息量平坦度。

(4) 选题时间的长短。

4.3.1 实验设计

因量子粒子群算法参数 w_1,w_2 与普通粒子群算法的参数 c_1 和 c_2 的意义不同,所以不能直接比较 16 种实验条件下的选题结果。应先固定使得分数线附近信息量最大的两种算法最优的 c_1,c_2 组合(3,2),w_1,w_2 组合(1.2,0.3),再变化粒子数和迭代次数,对实验结果进行比较。为了比较一种算法是否在大多数情况下优于另一种算法，对两种算法多种参数组合都要进行实验，对自变量粒子数 A 取三个水平：$A_1=40$，$A_2=60$，$A_3=80$；对自变量迭代次数 B 也取三个水平：$B_1=100$，$B_2=300$，$B_3=500$，形成 3×3 的完全随机实验设计。

4.3.2　实验结果

1. 算法稳健度

算法的稳健性考查方法同 3.4.1 节实验。

表 4-11 为两种算法在各种实验条件下，各进行 20 次选题的最大测验信息量的标准差。

表 4-11　PSO 和 QPSO 各种实验条件下的最大测验信息量的标准差 (SD)

		A_1B_1	A_1B_2	A_1B_3	A_2B_1	A_2B_2	A_2B_3	A_3B_1	A_3B_2	A_3B_3
P	SD_1	2.837	2.175	2.876	2.932	2.529	2.513	2.766	2.55	2.357
Q	SD_2	1.509	1.322	1.641	1.439	1.197	1.165	1.697	1.062	1.297

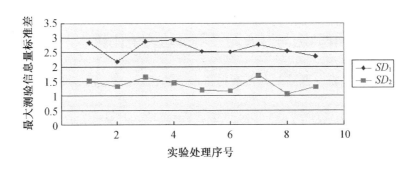

图 4-4　PSO 和 QPSO 各种实验条件下的最大测验信息量标准差对比图

表 4-11 中第一行为实验条件，第二行和第三行分别为粒子群算法和量子粒子群算法的标准差。若标准差较大，则说明组出的试卷是不稳定的，选题质量较差；反之，标准差较小的算法，选题质量较好，多次组出的试卷最大测验信息量是稳定的，可以看作平行试卷。表 4-11 显示，量子粒子群算法选题的最大测验信息量标准差在各种条件下都小于普通粒子群算法，因此就最大测验信息量的稳健性而言，量子粒子群算法优于普通粒子群算法。

基于项目反应理论和量子智能算法的选题策略研究

(1) 区分度 a 的稳健度

表 4-12　PSO 和 QPSO 各种实验条件下的区分度 a 的平均数和标准差(M、SD)

		A_1B_1	A_1B_2	A_1B_3	A_2B_1	A_2B_2	A_2B_3	A_3B_1	A_3B_2	A_3B_3
P	M	0.692 51	0.791 03	0.782 56	0.797 66	0.796 01	0.823 1	0.789 35	0.813	0.819 0
	SD	0.242 29	0.032 75	0.038 31	0.039 94	0.042 58	0.029 5	0.038 93	0.026 1	0.036 8
Q	M	0.808 07	0.822 32	0.822 21	0.817 53	0.816 74	0.817 80	0.804 20	0.809 58	0.819 43
	SD	0.030 93	0.031 45	0.036 55	0.033 20	0.025 99	0.028 95	0.027 67	0.020 51	0.024 86

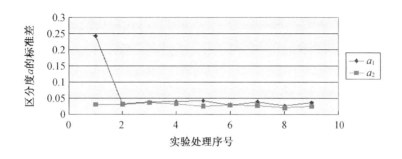

图 4-5　QPSO 和 PSO 各种实验条件下的区分度 a 的标准差(SD)对比图

表 4-12 中第一行为实验条件,第二行和第三行分别为普通粒子群算法在各实验条件下组出的 20 份试卷的区分度的平均数和标准差,第四行和第五行分别为量子粒子群算法在相应条件下的区分度的平均数和标准差。量子粒子群算法的区分度均值都在 0.8 以上,而普通粒子群算法得到的最小区分度均值 $M = 0.692\ 51$(粒子数 40,迭代次数 100),有六种情况下区分度在 0.8 以下,因此量子粒子群算法选题的区分度普遍高于粒子群算法。

量子粒子群算法的区分度标准差最小为 $SD = 0.020\ 51$(粒子数 120,迭代次数 300),最大为 $SD = 0.036\ 55$(粒子数 40,迭代次数 500)。粒子群算法的区分度标准差最小为 $SD = 0.026\ 1$(粒子数 80,迭代次数 500),最大 $SD = 0.242\ 29$(粒子数 40,迭代次数 100)。从表 4-12 可以看出,在每种对应的实验条件下,量子粒子群算法的区分度标准差都小于普通粒子群算法,因此,在区分度稳健性方面,前者优于后者。

（2）难度 b 的稳健度

表 4-13　PSO 和 QPSO 各种实验条件下的难度 b 的平均数和标准差（M、SD）

		A_1B_1	A_1B_2	A_1B_3	A_2B_1	A_2B_2	A_2B_3	A_3B_1	A_3B_2	A_3B_3
P	M	−0.049 79	−0.041 70	0.004 67	0.013 98	−0.035 84	0.010 85	−0.002 66	0.007 28	−0.007 5
	SD	0.072 57	0.101 97	0.086 68	0.094 19	0.107 37	0.086 83	0.225 17	0.111 24	0.091 79
Q	M	−0.026 24	−0.011 80	−0.012 98	−0.017 01	−0.017 57	−0.007	0.053 68	0.009 71	−0.043 9
	SD	0.061 62	0.085 49	0.078 39	0.074 83	0.080 60	0.077 31	0.083 52	0.149 90	0.079 83

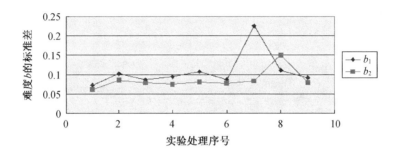

图 4-6　PSO 和 QPSO 各种实验条件下的难度 b 的标准差（SD）比较图

　　表 4-13 中第一行为实验条件，第二行和第三行分别为普通粒子群算法在各实验条件下组出的 20 份试卷的难度的平均数和标准差，第四行和第五行分别为量子粒子群算法在相应条件下的难度的平均数和标准差，b 的范围为 $-3 \leqslant b \leqslant 3$。由表 4-13 可知，两种算法选题的难度均值都在 0 左右，量子粒子群算法选题的难度的标准差大部分小于粒子群算法的，因此，可以认为在试卷难度值的稳定性方面，量子粒子群算法略优于普通粒子群算法。

（3）猜测度 c 的稳健度

表 4-14　PSO 和 QPSO 各种实验条件下的猜测度 c 的平均数和标准差（M、SD）

		A_1B_1	A_1B_2	A_1B_3	A_2B_1	A_2B_2	A_2B_3	A_3B_1	A_3B_2	A_3B_3
P	M	0.141 24	0.144 53	0.145 14	0.145 73	0.147 53	0.147 45	0.146 08	0.144 40	0.145 72
	SD	0.034 27	0.009 94	0.008 44	0.007 20	0.010 66	0.007 57	0.011 04	0.008 51	0.009 04
Q	M	0.147 92	0.147 13	0.142 40	0.145 82	0.146 66	0.144 89	0.142 93	0.144 83	0.146 55
	SD	0.009 08	0.007 35	0.010 00	0.006 07	0.006 56	0.006 98	0.007 77	0.008 06	0.006 33

表 4-14 为两种算法 20 次选题的猜测度的均值和标准差,猜测度越小,说明试题越能展现被试的真实水平。从表中我们可以看出两种算法的猜测度值没有很大差异,对其做独立样本 t 检验,结果显示两种算法的猜测度均值没有显著差异,p 值都大于 0.05。

图 4-7 是两种算法的猜测度的标准差比较图,从图中可知,量子粒子群算法除了第三种参数条件下(粒子数 40,迭代次数 500)的标准差大于粒子群算法外,其他参数条件下的猜测度标准差都小于粒子群算法。因此,就试卷的猜测度稳健性而言,量子粒子群算法优于粒子群算法。

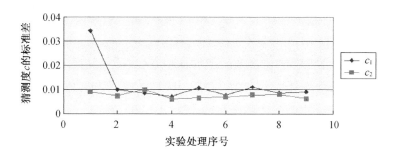

图 4-7　PSO 和 QPSO 各种实验条件下的猜测度 c 的标准差(SD)比较图

2. 分数线处最大测验信息量

表 4-15　PSO 和 QPSO 各种实验条件下的分数线处最大测验信息量的平均数(M)

		A_1B_1	A_1B_2	A_1B_3	A_2B_1	A_2B_2	A_2B_3	A_3B_1	A_3B_2	A_3B_3
P	M	32.347	33.465	33.333	32.326	33.864	34.74	32.284	34.741	34.735
Q	M	32.748	33.577	33.654	34.611	34.281	35.01	34.837	35.696	35.194

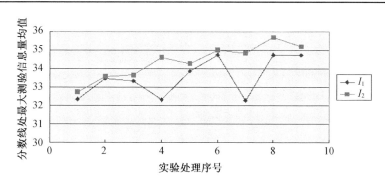

图 4-8　PSO 和 QPSO 各种实验条件下的分数线处最大测验信息量的平均数比较图

表 4-15 为普通粒子群算法和量子粒子群算法在各种实验条件下的分数线处最大测验信息量均值,图 4-8 为相应的对比图,I_1 和 I_2 分别为 PSO 和 QPSO 的分数线处最大测验信息量均值,图中横坐标为九种实验条件序号,纵坐标为分数线处最大测验信息量均值。结果显示在相同实验条件下,两种算法的差异不大,但是量子粒子群算法在各种条件下的信息量均值都略大于粒子群算法。对九种实验条件下的两种算法进行独立样本 t 检验的结果如表 4-16 所示。

表 4-16 PSO 和 QPSO 各种实验条件下测验信息量的独立样本 t 检验的 p 值

	A_1B_1	A_1B_2	A_1B_3	A_2B_1	A_2B_2	A_2B_3	A_3B_1	A_3B_2	A_3B_3
p	0.829	0.057	0.011*	0.022*	0.343	0.103	0.015*	0.360	0.259

独立样本 t 检验的方差在各实验条件下都齐性,检验结果显示只有当粒子数和迭代次数的组合分别为 (40, 500),(80, 100),(120, 100) 时,两种算法的分数线处最大测验信息量均值存在显著差异,因此可以说量子粒子群的分数线处最大测验信息量在部分情况下优于普通粒子群算法。

3. 信息量平坦度

表 4-17 PSO 和 QPSO 各种实验条件下的测验信息量平坦度的均值(M)

		A_1B_1	A_1B_2	A_1B_3	A_2B_1	A_2B_2	A_2B_3	A_3B_1	A_3B_2	A_3B_3
P	M	0.244	0.260 3	0.251 3	0.243	0.244 5	0.258	0.294 3	0.282	0.299
Q	M	0.228	0.234	0.237	0.233	0.223	0.24	0.288	0.25	0.231

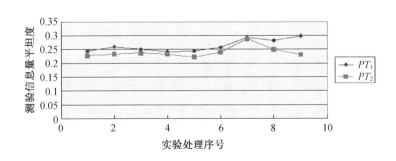

图 4-9 PSO 和 QPSO 各种实验条件下的测验信息量平坦度的均值比较图

表 4-17 为普通粒子群算法和量子粒子群算法在各实验条件下的能力值 θ_0 及

附近 2 个点上的信息量平坦度,若平坦度小,则选题质量高。表中第一行为实验条件,第二行为普通粒子群的均值和标准差,第三行为量子粒子群的均值和标准差。图 4-9 为相应的对比图,PT_1 和 PT_2 分别为 PSO 和 QPSO 的测验信息量平坦度。为了解两种算法在各种条件下的信息量平坦度是否存在显著差异,对九对信息量平坦度值做独立样本 t 检验,结果如表 4-18 所示。

表 4-18　QPSO 和 PSO 各种实验条件下测验信息量平坦度的独立样本 t 检验的 p 值

	A_1B_1	A_1B_2	A_1B_3	A_2B_1	A_2B_2	A_2B_3	A_3B_1	A_3B_2	A_3B_3
p	0.479	0.128	0.474	0.202	0.796	0.123	0.713	0.145	0.033*

由表 4-18 可知,除粒子数为 120,迭代次数为 500 时,$p = 0.033 < 0.05$,其他各条件下的 p 值均大于 0.05,说明两种算法的平坦度差异不显著。

4. 选题时间

表 4-19　PSO 和 QPSO 各种实验条件下的选题时间的均值(M)　　　　单位:s

		A_1B_1	A_1B_2	A_1B_3	A_2B_1	A_2B_2	A_2B_3	A_3B_1	A_3B_2	A_3B_3
P	M	277.1	660	938.1	408.3	953.4	1 680.9	522	1 466.6	2 480.3
Q	M	136.9	538.7	805.7	238.7	744	1 252.8	347.8	1 068.2	1 896

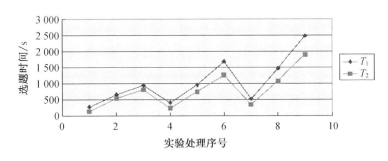

图 4-10　PSO 和 QPSO 各种实验条件下的选题时间的均值(M)对比图

表 4-19 是两种算法在各实验条件下各进行 20 次实验的选题时间均值对比表,图4-10 为相应的比较图。表中第一行是实验条件,第二行为普通粒子群算法的选题时间均值,第三行为量子粒子群算法的选题时间均值。结果显示,量子粒子群在每种相同的条件之下的选题时间均值都短于普通粒子群算法。

4.4 研究讨论

4.4.1 PSO选题实验结果讨论

根据方差分析结果显示,用粒子群算法进行选题时,c_1和c_2取不同值对分数线处测验信息量、分数线附近测验信息量平坦度和选题时间没有显著影响,因此可取 1,2,3,4 中的任意值。粒子数和迭代次数取不同水平对分数线处测验信息量和分数线附近信息量平坦度有影响。因此,在进行粒子群算法和量子粒子算法比较时,可先固定c_1和c_2的取值,再变换粒子数和迭代次数。

4.4.2 QPSO选题实验结果讨论

根据描述性统计结果,当w_1为1,w_2为0.3,m为80,d为700时,为测验信息量最大时量子粒子群算法选题的最优参数组合。当w_1为1.2,w_2为0.3,m为20,d为500时,为平坦度最大时量子粒子群算法选题的最优参数组合。当w_1为1.2,w_2为0.2,m为20,d为100时,量子粒子群算法选题的时间最短。

最佳的选题效果为测验信息量越大越好,分数线附近测验信息量平坦度越大越好,选题时间越短越好。因此,三个选题指标之间如何统一,以达到最佳选题效果,是我们进一步要讨论的问题。

方差分析结果显示,w_1取任何值对最大测验信息量均没有显著影响,但当w_1为1.4时的信息量平坦度值显著大于w_1为1.2时,其他水平上没有显著差异,因此,w_1的最佳取值为1.2。w_2取任何值对最大测验信息量没有影响,但当w_2为0.1时的信息量平坦度值小于w_2为0.2,0.3,0.4时,因此w_2为0.3时,信息量平坦度最小。

当粒子数m为20时,信息量平坦度最优,选题时间最短,但是最大信息量显著小于粒子数为40时,因此若是将选题时间和信息量平坦度指标的重要性视为最大,则选择粒子数为20。当粒子数为40和60,40和80,80和60时,分数线处最大信息量和信息量平坦度都不存在显著差异,但是当粒子数为40时的选题时间最短,因此若是将分数线处最大信息量和信息量平坦度指标的重要性视为最大,则粒子数应选择40。

当迭代次数d为300和500时,最大信息量没有显著差异,其他水平都存在显著差异。当 d 为实验处理的任何水平,信息量平坦度都不存在显著差异。因此,若是将分数线处最大信息量重要性视为最大,迭代次数则应尽量大,选择700。若是希望分数线处最大信息量尽可能大,且选题时间短,则选择迭代次数为300。若是将选题时间视为最重要,则选择迭代次数为100。

综上所述,量子粒子群的最佳参数组合有以下两种情况:若是将分数线处测验信息量和信息量平坦度指标视为最重要,则 w_1 的最佳取值为1.2, w_2 为0.3,粒子数取40,迭代次数为700。若是综合考虑三个指标的重要性,则 w_1 的最佳取值为1.2, w_2 为0.3,粒子数取40,迭代次数为300。

4.4.3 PSO 和 QPSO 选题性能比较结果讨论

粒子群算法和量子粒子群算法实验探索了影响选题质量的算法参数并找到最佳参数组合,最后对两种算法的选题性能进行了比较,结果如下:

量子粒子群算法20次选题的分数线附近最大信息函数的值都比粒子群算法高,但是差异显著性检验显示只有在三种实验条件下量子粒子群算法优于粒子群算法,因此把最大信息量作为检验算法的指标时,量子粒子群算法在部分情况下优于粒子群算法,大部分情况下两者没有显著差异。

在选题时间方面,量子粒子群算法在每种实验条件下都略快于粒子群算法。

量子粒子群算法选题的测验信息量平坦度普遍优于粒子群算法,说明前者能考查到更多的分数线附近的学生的能力。

在试卷的稳健度方面,量子粒子群算法选题的20次标准差都小于粒子群算法。此外,量子群算法选题的区分度、难度、猜测度标准差普遍都小于粒子群算法。

综上所述,虽然量子粒子群算法在最大测验信息量上没有显著高于粒子群算法,但是它在选题时间、选题稳健度方面都比粒子群算法略胜一筹,因此,可以认为量子粒子群算法用于基于项目反应理论的 HSK 选题时,选题效果要胜过粒子群算法。

4.5 小结

本研究比较了粒子群算法和量子粒子群算法用于选题方面的性能,并且找出了较优算法的最佳参数组合。

首先,对粒子群算法原理及模型进行了简介。因影响粒子群算法选题结果的参数有四个,且每个参数能取的水平较多,因此实验采用正交设计。对选题的结果从分数线处最大测验信息量、分数线附近信息量平坦度、选题时间三方面进行分析,得到上述三方面的数据,对前两者实验结果采用方差分析法。实验结果显示,c_1 和 c_2 取不同值对分数线处信息量、分数线附近信息量平坦度和选题时间没有显著影响,因此可取 1,2,3,4 中的任意值。

其次,对量子粒子群算法原理及模型进行了简介。量子粒子群算法也有四个参数,且可取的水平数较多,因此采用和普通粒子群算法相同的正交设计。同样得到分数线处最大测验信息量、分数线附近信息量平坦度、选题时间三方面数据,对前两者的数据采用方差分析,实验结果显示,量子粒子群的最佳参数组合有以下两种情况:若是将分数线处测验信息量和信息量平坦度指标视为最重要,则 w_1 的最佳取值为 1.2,w_2 为 0.3,粒子数取 40,迭代次数为 700。若是综合考虑三个指标的重要性,则 w_1 的最佳取值为 1.2,w_2 为 0.3,粒子数取 40,迭代次数为 300。

最后,将粒子群算法的 c_1 和 c_2 值固定,w_1 和 w_2 的最优值固定,变化粒子数和迭代次数,对两种算法的九种参数组合情况进行研究,从多个方面对选题结果进行比较。结果显示,虽然量子粒子群算法在最大信息量上没有显著高于粒子群算法,但是它在选题时间、选题稳健度方面都比粒子群算法略胜一筹,因此,可以认为量子粒子群算法用于基于项目反应理论的选题时,选题效果要胜过粒子群算法。

第 5 章

基于 IRT 的蚁群和量子蚁群算法选题实验

5.1　基于 IRT 的蚁群算法选题实验

蚁群算法常被广泛应用于求解最优化问题,选题问题是一个多目标优化问题,且有一些学者对蚁群算法用于选题问题进行了研究。研究结果表明,当题库中的题数小于 3 000 时,蚁群算法的解略好于 0-1 线性规划方法的解,但是选题时间快很多;当题库中的题数达到 6 000 以上时,蚁群算法进行选题的解要明显优于0-1线性规划。HSK 是一个大的工程,若是建立题库,试题数量必然庞大,因此本节探索蚁群算法用于选题。本研究是基于项目反应理论的,且蚁群算法和选题目标都不同于前人的研究。

5.1.1　蚁群算法(ACA)简介

蚁群算法(Ant Colony Algorithm,ACA)是一种仿生算法,它是模仿自然界中蚂蚁的觅食活动路径而产生的一种优化算法,是在图中寻找优化路径的一种概率型算法。该算法最早是由意大利学者 Marco Dorigo 于 1992 年在他的博士论文中首次系统地提出来的,这种方法能够用于许多组合优化问题并能取得较好的实验结果,在他的影响下,越来越多的学者开始关注蚁群算法,并广泛应用于各领域。蚁群算法具有分布式计算、正反馈性和贪婪启发式搜索的特点,是一种求解多目标最优化问题的新型通用启发式方法。

1. 蚁群算法的基本原理

蚂蚁是一种分工很明确的高度社会化、结构化的生物,各类蚂蚁都有不同的劳动分工,其中工蚁是负责挖掘洞穴和寻找食物的蚁种,单个的工蚁很难完成复杂的、艰难的觅食活动,它们必须形成蚁群协作完成一些任务。除了活动分工之外,蚂蚁之间也需要进行交流和传递信息,人可以用语言交流,而蚂蚁传递信息的系统则是非常奇特的,包括视觉信号、声音通信,最特别的是它们具有无声的语言,即通过释放化学物质的不同组合来传递信息。不同蚂蚁,其不同的腺体能够分泌出不同的信息素,例如,有的用于报警或防卫,有的用于麻醉,有的用于觅食等。觅食行为是蚂蚁最为重要且奇妙的活动,大批的蚂蚁能够在没有任何可视线索的情况下自发地找到一条最短的觅食路径,并且即使在觅食的路上有新的障碍物产生的情况下,也能自动搜索出最短的路径。

在蚂蚁觅食的时候,会在走过的蚁穴和食物的路径上分泌某种信息素,形成信息素轨迹,其他蚂蚁能感知到信息素及其浓度,并以此作为自己行动的导向,蚂蚁们会朝着信息素浓度高的地方移动,循着该轨迹找到同伴们发现的食物源。有时蚂蚁会开辟或者追随不同的路径,如果开辟的路径比原来的路径要短,那么留在路径上的信息素就越多,其他的蚂蚁便会被逐渐地吸引到这条路上来。经过一段时间后,可能这条路径会作为最短的路径被大量的蚂蚁重复爬行,因此,越来越多的蚂蚁朝着信息素浓度高的地方移动,大批的蚂蚁形成的蚁群的集体行为就表现出一种信息正反馈现象。

下面用 Marco Dorigo 图示法举例说明蚁群算法原理,如图 5-1 所示,A 为蚁穴,E 为食物点,F 和 C 表示障碍物,蚂蚁在觅食的时候必然要经过障碍物 F 或 C,然后到达食物点。B 为蚂蚁开始选择路径的岔路口,D 为蚂蚁靠近食物源的汇聚点。图 5-1(a) 表示的是各点之间的距离,假设每个单位时间有 30 只蚂蚁分别离开蚁穴和食物源。图 5-1(b) 表示在 $t=0$ 的时候,还没有蚂蚁运动的轨迹,但是一旦蚂蚁开始觅食或回巢,它们选择左边的路线和右边的路线概率是一样的,因此各有 15 只蚂蚁分别走 DCB 和 DFB。图 5-1(c) 表示在时间 $t=1$ 的时候,有 20 只蚂蚁已经经过路径 DCB,而路径 DFB 比 DCB 长一倍,该路径只有 10 只蚂蚁爬过,因此蚂蚁在较短的路径 DCB 上留下的信息素的浓度是路径 DFB 上的 2 倍。此时,假设又有 30 只蚂蚁离开点 A 和 E,选择短路径的蚂蚁将会是长路径的 2 倍,会有 20 只蚂蚁选择 DCB,10 只蚂蚁选择 DFB,如此循环下去,较短路径上信息素将更迅速地增加,于是越来越多的蚂蚁将选择该路径。

在为蚁群的运动设计人工智能程序时,要考虑诸多的问题,例如,要让蚂蚁寻找到食物,必须让其遍历地形图上所有的点;必须根据问题的地形编写避开障碍物的指令;要找到最短的路径,就必须计算所有可能的路径的长度,并对它们进行比较。这些看似复杂的问题都可以通过简单的规则解决,蚂蚁们并不需要知道整个

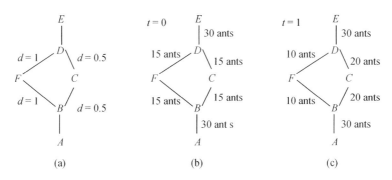

图 5-1　蚁群算法原理图

蚁群世界的信息,而是只需要关心眼前的很小范围内的信息,利用简单的几条规则就能做出优化问题的决策。

(1) 范围:蚁群算法中有一个参数作为速度半径,它们能观察到的范围和能够移动的距离可以认为是一个方格的世界。例如速度半径一般取 3,那么蚂蚁可观察和可移动的世界就是 3×3 的小方格。

(2) 环境:人工蚂蚁所处的世界是虚拟的,在觅食活动中,除了有其他蚂蚁外,还有障碍物和两种信息素:一种是找到食物后蚂蚁留下的信息素;一种是找到蚁穴后蚂蚁留下的信息素。每只蚂蚁只能感知到自己所处范围内的信息素和障碍物,并且在该环境中,信息素会以一定的速度挥发。

(3) 爬行规则:蚂蚁一般都会朝着自己能感知到的范围内信息素多的地方爬行,如果某时刻周围没有信息素的时候,蚂蚁会随机按自己的路线爬行下去,但是为了避免原地打转,蚂蚁会对已经走过的路保留记忆,若发现邻近的路已经走过了,它会避开而选择其他没有走过的路。蚁群算法中通过禁忌表记录蚂蚁已经走过的路径,如此,在下次搜索的时候就会搜索禁忌表以外的路径,不会再重复走同样的路。

(4) 避障规则:如果蚂蚁在前进的路上碰到障碍物的话,它会随机选择一条路来避开障碍物,如果有信息素的指引,它会按照爬行的规则移动。

(5) 释放信息素规则:蚂蚁在找到食物和蚁穴的时候释放的信息素达到最浓,路径越远,释放的信息素越少,信息素浓度越低。

有了这些规则,虽然蚂蚁间不存在直接联系,但是蚂蚁能够受到环境的影响,通过环境中信息素的影响,整个蚁群就被联系起来了。

2. 基本蚁群算法模型

蚁群算法最早被成功用于解决旅行商问题,该算法的步骤和模型如下:

初始时,m 个蚂蚁被置于某些城市上,用禁忌表(tabulist)来记录蚂蚁 k 当前所走过的城市,集合随着禁忌表做动态调整。将蚂蚁走过的路径置于禁忌表中,不允许再次移动到已走过的城市。根据转移概率来计算蚂蚁下一步选择某城市的概率。在寻找新城市的过程中,蚂蚁根据各条路径上的信息量及路径的启发因子来计算状态转移概率。在 t 时刻蚂蚁 k 由城市 i 转移到城市 j 的状态转移概率为:

$$P_{ij}^k(t) = \begin{cases} \dfrac{[\tau_{ij}(t)]^\alpha [\eta_{ij}]^\beta}{\sum\limits_{j \in \text{allowed}_k} [\tau_{ij}(t)]^\alpha [\eta_{ij}]^\beta} & j \in \text{allowed}_k \\ 0 & j \notin \text{allowed}_k \end{cases} \tag{5-1}$$

式中,$P_{ij}^k(t)$ 表示第 k 只蚂蚁在时间点 t 时,从城市 i 转移到城市 j 的概率。

$\tau_{ij}(t)$ 表示在时间点 t 时,蚂蚁在路径上所遗留的信息素的数量。

η_{ij} 表示从城市 i 转移到城市 j 的能见度(启发因子),在蚂蚁系统中,这个量保持不变,为路径长度 L 的倒数。

α 为信息启发式因子,是表示信息素相对重要性的参数,α 越大,说明其他蚂蚁走过的路对后来蚂蚁的启发程度越高,后来蚂蚁选择之前蚂蚁经过的路径的可能性越大。

β 为期望启发式因子,是表示能见度相对重要性的参数。

allowed_k 表示还未在第 k 只蚂蚁的禁忌名单中出现的城市。

蚂蚁转移到下一城市后,将该城市放入禁忌表中,更新禁忌表。若禁忌表中的城市达到要求,搜索停止;若不达标,则进行信息素更新。

若设 t 时刻,蚂蚁 k 从城市 i 移动到城市 j 后,城市路径(i, j)上的信息素浓度为 $\tau_{ij}(t)$,则$(t+n)$ 时刻,信息素浓度的更新公式为:

$$\tau_{ij}(t+n) = (1-\rho) \cdot \tau_{ij}(t) + \Delta\tau_{ij} \tag{5-2}$$

$$\Delta\tau_{ij}(t) = \sum_{k=1}^m \Delta\tau_{ij}^k(t) \tag{5-3}$$

$$\Delta\tau_{ij}^k = \begin{cases} Q/L_k & \text{第 } k \text{ 只蚂蚁在本次循环中经过}(i,j) \\ 0 & \text{不经过}(i, j) \end{cases} \tag{5-4}$$

式中,ρ 为信息素挥发参数,则 $1-\rho$ 表示信息素残留因子,ρ 的取值范围为$[0,1)$;

Q 为蚂蚁爬行一周的过程中所释放在路径上的信息素总量；

L_k 为第 k 只蚂蚁爬行的路径长度；

$\Delta\tau_{ij}(t)$ 是本次循环中路径 (i,j) 上的信息素增量，初始时刻 $\Delta\tau_{ij}(t)=0$；

$\Delta\tau_{ij}^k(t)$ 是第 k 只蚂蚁在本次循环中留在路径 (i,j) 上的信息量。

3. 蚁群算法参数

从蚁群算法的原理中我们可以看出，算法中的各参数的设定对算法的性能起到非常重要的作用。但是由于目前还没有相关研究结论指明参数的具体值，使其对于任何优化问题都有效，所以只能靠经验取初始值，靠实验来验证各参数组合后的结果，在用蚁群算法进行选题时，我们采用的模型与解决旅行商问题时采用的模型不尽相同，主要需要用到以下参数：

（1）信息素挥发度参数

蚁群算法和普通遗传算法一样都存在收敛速度慢，易陷入早熟等缺陷，在蚁群算法的模型中，用 ρ 来表示信息素挥发的程度，该挥发度与算法的全局搜索能力和收敛速度有密切的关系。特别是当处理大规模复杂问题时，如果信息挥发度 ρ 过小，会使蚂蚁继续追随信息素浓度高的路径，因此有些可能更短的路径蚂蚁不能够达到，算法陷入局部最优。若信息挥发度 ρ 过大，则留在走过路径上的信息素浓度不高，蚂蚁选择其他路径的概率增大，算法的随机性增强，全局搜索的能力增强，但是同时算法的收敛速度减慢。因此，如何选择信息素蒸发度也是我们要解决的问题。

（2）总信息素数量参数

蚂蚁爬行一周的过程中所释放在路径上的信息素总量用总信息素数量因子 Q 表示，Q 在某种程度上也对算法的性能有影响，Q 越大，蚂蚁经过时留下的信息素就越多，便加强了蚁群搜索的正反馈性，能够使得算法的收敛速度加快。

（3）蚂蚁数量参数

对于选题问题，蚂蚁在进行一次搜索后所经过的路径可以看作问题解中的一个子集，因此蚂蚁的数量越多，算法的全局搜索能力及稳定性越强。但是当蚂蚁数量过大时，蚂蚁选择路径的随机性增强，信息素的正反馈作用将不明显，可能导致蚂蚁走过的路径上的信息素强度会差不多。因此，算法的收敛速度减慢。

（4）算法迭代次数

一般情况下，算法的迭代次数越大，目标函数的值越大，但是当算法迭代到一定次数时算法就会收敛，目标函数值不再显著增大，选题时间变长，所以不是迭代次数越大越好，我们要在满足测验蓝图要求的情况下，使目标函数值尽可能大且选题时间尽可能短。

蚁群算法的性能主要受以上四个参数配置的影响。

5.1.2 蚁群算法选题的实验步骤

蚁群算法的参数主要有四个：信息素挥发度 ρ（$0 < \rho < 1$）、总信息素数量因子 Q、蚂蚁数量 m、算法迭代次数 d。由于 m、Q 能取的水平数较多，且目前并没有文章明确指出上述参数应取多少为最佳，大部分的研究都采用单因素实验法，若是各因素的水平较多，则需要进行的实验次数也较多，且对于不同的问题，这些参数的取值也不同，因此我们需要通过实验来寻找影响蚁群算法性能的参数。

（1）ACA 算法参数实验设计：采用均匀设计，首先对蚁群算法选题的参数进行确定，在参数取值范围内确定其水平；其次确定均匀设计实验表，若对每个参数取 n 个水平，一般需进行 n 次实验，因此取 n 个水平的均匀设计表；最后按表对各因素进行水平组合，并进行实验方案设计。

（2）收集实验数据：对照实验方案，采用蚁群算法进行选题，记录每次选题的输出信息，每个水平组合下各进行 20 次实验，得到实验数据。

（3）分析实验结果，并找出对选题结果有显著影响的参数。

5.1.3 蚁群算法选题的算法设计

1. 试题编码

由于二进制编码长度过长，占用的储存空间过大，因此本研究采用实数编码方式，这样能够减少算法解码的时间，加快选题速度。实数编码，就是对每个试题按照题号进行编码，每道试题不仅包含题号，还包含试题的其他属性。

2. 试题更新策略

（1）信息素更新

选题开始时，假设 m 只蚂蚁在任意一道题上，给每两道题之间设置一个初始信息素浓度，初始化时各路径上信息素浓度相等，且总和为 1。蚂蚁选择每条路径的概率是相等的。当蚂蚁开始移动到下一道试题时，会留下信息素，同时随着时间的推移，信息素也会挥发，当较多的蚂蚁经过同一条路径时，路径上残留的信息素就较多，某试题被选中的概率就较大。蚂蚁不断移动，信息素不断更新，直至达到算法终止条件。

蚁群算法用于解决选题问题的试题信息函数矩阵相当于旅行商问题的城市距离矩阵。在将蚁群算法用于解决旅行商问题时,第 k 只蚂蚁从城市 i 到城市 j 的信息素增量 $\Delta\tau_{ij}^k$ 为路径长度的倒数:

$$\Delta\tau_{ij}^k = \begin{cases} Q/L_k & \text{第 } k \text{ 只蚂蚁在本次循环中经过}(i,j) \\ 0 & \text{不经过}(i,j) \end{cases} \tag{5-5}$$

蚁群算法用于解决选题问题时,第 k 只蚂蚁从试题 i 到试题 j 的信息素增量 $\Delta\tau_{ij}^k$ 为选中试题的信息函数累加和,解决旅行商问题时,路径越短,信息素增量越大。在解决本研究的选题问题时,需要信息函数越大,信息素增量才越大,因此 $(t+n)$ 时刻,试题 (i,j) 路径上的信息素浓度的更新公式为:

$$\tau_{ij}(t+n) = (1-\rho) \cdot \tau_{ij}(t) + \Delta\tau_{ij} \tag{5-6}$$

$$\Delta\tau_{ij}(t) = \sum_{k=1}^{m} \Delta\tau_{ij}^k(t) \tag{5-7}$$

$$\Delta\tau_{ij}^k = \begin{cases} Q \cdot f & \text{第 } k \text{ 只蚂蚁在本次循环中经过}(i,j) \\ 0 & \text{不经过}(i,j) \end{cases} \tag{5-8}$$

式中,ρ 为信息素挥发参数,则 $1-\rho$ 表示信息素残留因子,ρ 的取值范围为 $[0,1)$,Q 为蚂蚁爬行一周的过程中所释放在路径上的信息素总量。

（2）状态转移概率

初始时,每个试题之间的信息素浓度相等,蚂蚁如何进行移动来选择下一道试题？本研究采用轮盘赌的方法,蚂蚁从试题 i 移动到下一个试题 j 的概率为:

$$p_{ij}^k = \begin{cases} \dfrac{\tau_{ij}}{\displaystyle\sum_{j \in \text{allowed}_k} \tau_{ij}} & j \in \text{allowed}_k \\ 0 & j \notin \text{allowed}_k \end{cases} \tag{5-9}$$

这种按概率选择试题的方法的优点为:不一定每个蚂蚁每次都去信息素大的试题,可以扩大搜索范围,避免早熟,容易全局优化。但总体上,多次循环后蚂蚁将趋向于信息素大的试题。

3. 蚁群算法选题的算法流程

（1）编码:试题采用实数编码方式。

（2）初始化各参数,所有试题路径上的初始信息素为 0。

（3）将 m 只蚂蚁随机分布到试题库中,并生成禁忌表(tabulist)。进行第一次循环,采用轮盘赌方法进行蚂蚁的移步。蚂蚁移动到新试题上,被选过的试题都进入禁忌表,修改禁忌表的索引号。

（4）每只蚂蚁抽出 100 道试题后,将组出的试卷与选题人员的要求进行比较,若满足要求,则选题终止;若不满足要求,则继续更新试题。

（5）对蚂蚁走过的试题路径上的信息素分别进行局部和全局更新,100 道试题累加的测验信息函数大的路径上信息素增加。

（6）信息素更新后,蚂蚁选择新的路径,产生新的种群,再次进行步骤(3)～(6),直至满足算法终止条件。

5.1.4　蚁群算法选题的参数实验设计

将适应度函数值作为评价算法的指标。因为每个参数可取的水平较多,所以需要进行的实验次数也较多,四个自变量 ρ、m、Q、d 能取的水平数较多,ρ 的取值范围为[0, 1],因此为了使实验高效、均匀,且具有代表性,每个自变量都取 9 个水平,采用均匀设计。若进行全面实验,就需要进行 9^4 次实验,而由于每次实验的结果是不确定的,若每次实验要单独进行 20 次计算,取其平均值,因此共需要进行 $9^4 \times 20$ 次实验,这必将耗费大量的时间和精力。因此,我们需要一种实验次数少且效果同全面实验近似的实验设计。

正交设计和均匀设计都是选取具有代表性的实验点进行实验的方法,若是采用正交设计,则在无重复实验的情况下,需要进行 9^2 次实验,实验次数仍然较多,因此本参数实验需采用均匀设计。

均匀设计是由方开泰教授和王元教授提出来的一种使得实验次数减少且较为科学的实验设计方法。该方法的理论基础是数论中的一致分布原理,它将数论和多元统计相结合。它能够保证实验点在实验的范围空间中均匀分散,可挑出具有代表性的点,使每个因素的每个水平只需要做一次实验,可以通过这些均匀散布的点形成最少的实验条件获得最多的总体信息。一般因素有几个水平,便进行多少次实验。均匀设计是一种整体性估计,因此能够避免单次单因素实验带来的误差,可以在实验初期从较多的因素中探索影响实验结果的主要因素,能确定哪些因素可以进入正式实验。均匀设计还可以找到因素间的最优组合。

均匀设计因其实验次数少、实验点具有代表性等特点,广泛用于自变量数目及水平数较多、实验时间长、花费较高的研究领域。例如,七机部在研究巡航导弹时曾需要做一个 5 因素,每个因素的水平数大于 10 的实验,由于耗资和时间问题,需要将实验次数控制在 50 次以内,若是用普通的实验方法无法完成实验,正交实验也难以完成,因此均匀实验设计便是一个较好的选择。

心理学领域在很早之前就已经开始研究和使用均匀设计了。蒋声、陈瑞琛证明实验心理学里的拉丁方设计(Latin Squares Design)就是一种特殊的均匀设计。

利用均匀设计来设定算法参数,已有一些学者进行了尝试性研究,例如,何大阔对遗传算法参数、黄永青对蚁群算法参数、江善和对粒子群算法参数都采用均匀设计来寻找最优参数组合,取得了较为满意的成果。

本书参考蚁群算法参数研究的文献,确定了 4 个因素,由于各因素取值范围较大,且为了减小实验误差,因此各因素都取 9 个水平。

A(信息素挥发度 ρ): $0.1,0.2,0.3,0.4,0.5,0.6,0.7,0.8,0.9$

B(总信息素数量因子 Q): $50,100,150,200,250,300,350,400,450$

C(蚂蚁数量 m): $10,20,30,40,50,60,70,80,90$

D(算法迭代次数 d): $40,80,120,160,200,240,280,320,360$

建立实验因素水平表,如表 5-1 所示。

表 5-1　实验因素水平表

	ρ	Q	m	d
1	$A_1 = 0.1$	$B_1 = 50$	$C_1 = 10$	$D_1 = 40$
2	$A_2 = 0.2$	$B_2 = 100$	$C_2 = 20$	$D_2 = 80$
3	$A_3 = 0.3$	$B_3 = 150$	$C_3 = 30$	$D_3 = 120$
4	$A_4 = 0.4$	$B_4 = 200$	$C_4 = 40$	$D_4 = 160$
5	$A_5 = 0.5$	$B_5 = 250$	$C_5 = 50$	$D_5 = 200$
6	$A_6 = 0.6$	$B_6 = 300$	$C_6 = 60$	$D_6 = 240$
7	$A_7 = 0.7$	$B_7 = 350$	$C_7 = 70$	$D_7 = 280$
8	$A_8 = 0.8$	$B_8 = 400$	$C_8 = 80$	$D_8 = 320$
9	$A_9 = 0.9$	$B_9 = 450$	$C_9 = 90$	$D_9 = 360$

本实验是一个四因素九水平的设计,因此选用均匀设计表 $U_9(9^4)$,该表能够安排九个水平,因素为四个时,无实验误差。建立如表 5-2 所示的实验方案表。

表 5-2　蚁群算法选题参数寻优实验方案表

方案	ρ	Q	m	d
1	0.1(1)	150(3)	70(7)	360(9)
2	0.2(2)	300(6)	40(4)	320(8)
3	0.3(3)	450(9)	10(1)	280(7)
4	0.4(4)	100(2)	80(8)	240(6)
5	0.5(5)	250(5)	50(5)	200(5)
6	0.6(6)	400(8)	20(2)	160(4)
7	0.7(7)	50(1)	90(9)	120(3)
8	0.8(8)	200(4)	60(6)	80(2)
9	0.9(9)	350(7)	30(3)	40(1)

采用表 5-2 中的九种方案进行蚁群算法选题,每种方案下各进行 20 次实验。

5.1.5　蚁群算法选题的实验程序

(1) 按汉语水平考试(HSK)的测验蓝图形成模拟题库。

(2) 用 MATLAB 2012 编制蚁群算法程序。程序的 GUI 界面如图 5-2 所示。

(3) 本实验采用均匀设计的实验方法,四个参数选取九个水平,采用九种实验

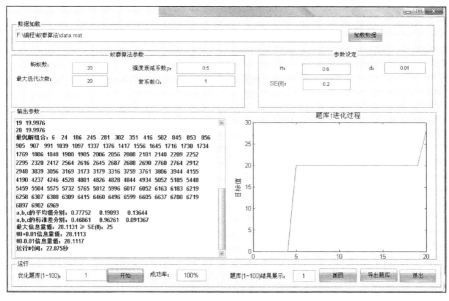

图 5-2　蚁群算法程序的 GUI 界面

条件,每种实验条件下各进行 20 次实验,得到三个因变量(分数线处最大测验信息量、信息量平坦度、选题时间)的结果。

(4) 通过对实验结果的分析,找到影响蚁群算法选题性能的参数并寻求最佳参数配置。

5.1.6 蚁群算法选题的实验结果

1. 分数线处最大测验信息量

表 5-3　ACA 各种实验条件下的分数线处最大测验信息量的均值(M)和标准差(SD)

	1	2	3	4	5	6	7	8	9
M	34.522	32.974	31.974	33.591	33.091	31.026	32.445	31.534	29.595
SD	1.581	1.616	1.998	1.733	1.473	1.818	1.616	2.246	3.235

表 5-3 为九种实验条件下的分数线处最大测验信息量的平均值和标准差,由表可知,第一种实验条件下($\rho = 0.1$, $Q = 150$, $m = 70$, $d = 360$)的测验信息量最大。为了比较其他实验条件下的最大测验信息量是否与第一种实验条件下的最大测验信息量存在显著差异,对各组实验结果进行单因素方差分析,各组之间的最大测验信息量存在显著差异, $F(8, 171) = 11.533$, $p < 0.05$,偏 $\eta^2 = 0.35$, power = 1。采用 LSD 方法进行两两比较的结果显示,第二、第四和第五种实验条件下的最大测验信息量与第一种实验条件下的没有显著差异, p 值分别为 $p = 0.086$、$p = 0.299$、$p = 0.112$。

2. 信息量平坦度

表 5-4　ACA 各种实验条件下的分数线附近信息量平坦度的均值(M)和标准差(SD)

	1	2	3	4	5	6	7	8	9
M	0.275	0.243	0.224	0.243	0.261	0.225	0.253	0.219	0.199
SD	0.056	0.049	0.050	0.060	0.035	0.051	0.049	0.038	0.059

表 5-4 为九种实验条件下分数线附近信息量平坦度的平均值和标准差,表中显示信息量平坦度最优为第九种实验条件, $PT = 0.199$。为了考查这九种实验条件下的信息量平坦度是否存在显著差异,对各组平坦度进行方差分析。分析结果

显示,九种实验条件下的信息量平坦度存在显著差异,$F(8,171)=4.589$,$p<0.05$,偏 $\eta^2=0.77$,power$=0.997$。采用 LSD 方法进行多重比较的结果显示,与九种实验条件下最小平坦度无显著差异的有:第三种实验条件,$p=0.28$;第六种实验条件,$p=0.261$;第八种实验条件,$p=0.377$。

3. 选题时间

表 5-5　ACA 各种实验条件下的选题时间的均值(M)　　　　　单位:s

	1	2	3	4	5	6	7	8	9
M	1 316	724	180	1 158	541	190	629	264	63

表 5-5 为蚁群算法在九种实验条件下的选题时间的均值,选题时间最短的为第九种实验条件,$t=63\,\mathrm{s}$,选题时间最长的为第一种实验条件,$t=1\,316\,\mathrm{s}$。

5.2　基于 IRT 的量子蚁群算法选题实验

蚁群算法是一种模拟种群活动的算法,蚂蚁的搜索路径活动是大批同时进行的,因此该算法具有并行分布式计算的特点。蚁群算法在解决组合优化问题时,也存在一些缺点,如算法搜索时间过长,容易陷入局部最优解,当算法进行到一定时间时便无法再寻到全局更优解。但是蚁群算法较容易和其他算法结合,能够改变算法的性能,例如,本研究意将蚁群算法和量子计算结合起来,探索蚁群算法的性能是否能得到改善。

量子蚁群算法在解决调度问题、旅行商问题、信号检测、0-1 背包问题等优化问题方面都有相关研究成果,并相对于基本的蚁群算法取得了较好的结果。本研究首次尝试将其用于解决选题问题。

5.2.1　量子蚁群算法(QACA)简介

量子蚁群算法(Quantum Ant Colony Algorithm,QACA)是在蚁群算法中引入量子计算的理论和概念,改进后的算法具有高效的全局搜索能力、收敛速度加快、种群规模较小等优点。将量子计算融入蚁群算法主要体现在:对蚂蚁的位置进行量子化、对蚂蚁的位置进行量子比特编码、对蚂蚁的位置移动更新方式采用量子旋转门策略、对蚂蚁所处位置的变异采用量子非门的策略,增加多样性,避免早熟。

5.2.2 量子蚁群算法选题的实验步骤

(1) 用 MATLAB 2012 编制选题的量子蚁群算法程序。

(2) 设计 QACA 算法参数实验:设置不同的算法参数,探索其对量子蚁群算法选题结果的影响,实验采用均匀设计。

(3) 获得 QACA 选题实验数据:对照实验方案,采用量子蚁群算法进行选题,记录每次选题的输出信息,每个水平组合下各进行 10 次实验,记录实验数据。

(4) 分析实验结果,并找出实验中的最优参数组合。

5.2.3 量子蚁群算法选题的算法设计

1. 编码方式

假设有 m 只蚂蚁,随机分布于 n 维的单位空间中,采用量子比特概率幅的编码方式,因此每只蚂蚁都占据两个状态空间,该算法的搜索空间比普通蚁群算法要大一倍。该算法中一般用三角函数概率幅来表示量子比特:

$$\boldsymbol{q}_i = \begin{bmatrix} \cos(\theta_{i1}) & \cos(\theta_{i2}) & \cdots & \cos(\theta_{in}) \\ \sin(\theta_{i1}) & \sin(\theta_{i2}) & \cdots & \sin(\theta_{in}) \end{bmatrix} \tag{5-10}$$

式中,$\theta_{ij} = 2\pi \text{rand}$,rand 为 (0,1) 之间的随机数,$i \in \{1, 2, \cdots, m\}$,$j \in \{1, 2, \cdots, n\}$。余弦概率幅对应的是量子态 $|0\rangle$,正弦概率幅对应的是量子态 $|1\rangle$。

2. 试题更新策略

(1) 蚂蚁位置的更新

在量子蚁群算法中,将普通蚁群算法中蚂蚁经过的路径上的信息素的增量改为量子旋转门的旋转角的更新,采用更新蚂蚁所处的量子比特态来更新蚂蚁的位置,即用量子旋转门的旋转角来更新量子概率幅。通常使用下面的旋转门来更新量子相位:

$$\boldsymbol{U} = \begin{bmatrix} \cos \Delta\theta & -\sin \Delta\theta \\ \sin \Delta\theta & \cos \Delta\theta \end{bmatrix} \tag{5-11}$$

量子旋转门的角度 $\Delta\theta$ 通常根据经验取 $0.001\pi \sim 0.05\pi$ 之间的数,可以根据具体问题选取固定的值,亦能够根据迭代次数等参数进行动态测试调整,也可以采用动态自适应技术,使旋转角度根据问题自行调整到最佳角度。

$$\Delta\theta = \theta_{min} + f(\theta_{max} - \theta_{min}) \tag{5-12}$$

式中,$\Delta\theta_{min}$ 为最小值 0.001π,$\Delta\theta_{max}$ 为最大值 0.05π,$f = (f_{max} - f_x)/f_{max}$,$f_x$ 为个体当前的适应度,f_{max} 为搜寻到最佳个体的适应度。

从式(5-12)可知,若当前个体离最优个体的距离较小时,$\Delta\theta$ 就会变小;若当前个体离最优个体的距离较大时,$\Delta\theta$ 就会变大,这就体现了自适应的功能,有利于算法找到最佳旋转角[1]。

旋转角的方向可由第 3 章中的表 3-7 确定。

(2) 蚂蚁位置的变异

普通的蚁群算法一般由于种群的多样性不够而导致算法容易陷入早熟,无法求得全局最优解,如果在算法中加入变异算子使蚂蚁的位置发生变异,能够增加种群的多样性。变异算子依靠量子计算中的量子非门来实现。首先从种群大小为 m 的蚂蚁中以 C_m 的概率选择蚂蚁个体进行变异;其次设定一个变异概率记作 P_m,以此变异概率对选出的蚂蚁进行变异。变异的原则是先选择一个 0 到 1 之间的随机数 rand,若 $P_m >$ rand,则对蚂蚁的 $[n/2]$ 个量子位采用量子非门进行变异,操作如下:

$$\begin{bmatrix} 0 & 1 \\ 1 & 0 \end{bmatrix} \begin{bmatrix} \cos(\theta_{ij}) \\ \sin(\theta_{ij}) \end{bmatrix} = \begin{bmatrix} \sin(\theta_{ij}) \\ \cos(\theta_{ij}) \end{bmatrix} = \begin{bmatrix} \cos\left(\theta_{ij} + \dfrac{\pi}{2}\right) \\ \sin\left(\theta_{ij} + \dfrac{\pi}{2}\right) \end{bmatrix} \tag{5-13}$$

式中,$i = 1, 2, \cdots, m$;$j = 1, 2, \cdots, n$

变异能够使蚂蚁所处两个空间的位置同时发生变化,种群的多样性由此增加。

3. 量子蚁群算法选题的算法流程

(1) 初始化蚁群。将 m 只蚂蚁随机地置于某道试题上,并生成禁忌表(tabulist),采用量子比特编码产生蚂蚁的初始种群,蚂蚁数量为 m 的初始种群 $p(t) = \{p_1^t, p_2^t, \cdots, p_m^t\}$,若 $\boldsymbol{p}_j^t (t = 1, 2, 3, \cdots)$ 为第 t 代的第 j 个个体,则有:

$$\boldsymbol{p}_j^t = \begin{bmatrix} \alpha_1^t & \alpha_2^t & \cdots & \alpha_n^t \\ \beta_1^t & \beta_2^t & \cdots & \beta_n^t \end{bmatrix} \tag{5-14}$$

① 杨佳,许强,张金荣,等.一种新的量子蚁群优化算法[J].中山大学学报(自然科学版),2009,48(3),22-27.

式中，n 为量子位数，α 和 β 的初始值都设为 $\dfrac{1}{\sqrt{2}}$。本试卷包含100道题，因此量子比特编码产生具有100位量子位的染色体。

（2）观测。量子状态将坍塌，得到确定的一组解 $R = \{r_1^t, r_2^t, \cdots, r_m^t\}$，$m$ 为种群大小，r_i^t 为第 t 代第 i 个种群的观测值，测量的方法是随机产生一个 $[0, 1]$ 之间的数，若该值大于 θ_{ij}，则相应量子位的观测值为1，反之为0。

（3）适应度计算。将测量后得到的一组二进制串转化为函数的实数值，对种群 $Q(t)$ 中的每个个体实施一次测量，得到相应的确定解（十进制编码），代入适应度函数式中进行计算，记录每只蚂蚁的适应度，与当前自身最优位置和全局最优位置进行比较，记录最优适应度（best）。

（4）判断计算过程是否可以结束（是否达到最大迭代次数），若满足结束条件则退出，否则继续计算。

（5）按信息素更新方程更新路径信息素强度。

（6）利用量子旋转门完成蚂蚁位置更新，量子非门完成蚂蚁位置变异，得到新的蚂蚁种群 $p(t+1)$。

（7）记录最优个体和对应的适应度值。

（8）将迭代次数 t 加1，返回步骤（3），直至满足算法终止条件。

5.2.4 量子蚁群算法选题的参数实验设计

量子蚁群算法的参数同普通蚁群算法一样，为了比较两者的性能，同样四个参数取九个水平，采用同样的均匀设计表。

5.2.5 量子蚁群算法选题的实验程序

（1）按汉语水平考试（HSK）的测验蓝图形成模拟题库。

（2）用 MATLAB 2012 编制量子蚁群算法程序。程序的 GUI 界面如图5-3所示。

（3）采用均匀设计的方法，四个参数选取九个水平，采用九种实验条件，每种实验条件下各进行20次实验，得到三个因变量（分数线处最大测验信息量、信息量平坦度、选题时间）的结果。

（4）通过对实验结果的分析，找到影响量子蚁群算法选题性能的参数并寻求最佳参数配置。

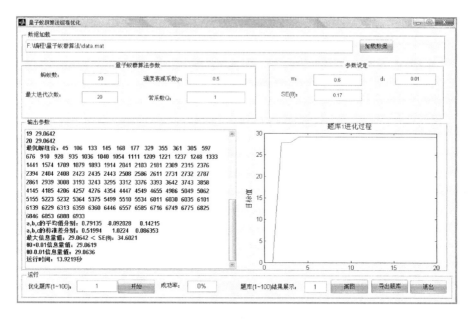

图 5-3　量子蚁群算法程序的 GUI 界面

5.2.6　量子蚁群算法选题的实验结果

1. 分数线处最大测验信息量

表 5-6　QACA 各种实验条件下的分数线处最大测验信息量的均值(M)和标准差(SD)

	1	2	3	4	5	6	7	8	9
M	36.046	34.670	33.214	34.495	34.298	32.649	33.231	33.412	30.835
SD	1.424	1.676	0.654	1.186	1.205	0.733	1.436	1.587	1.600

表 5-6 为量子蚁群算法在九种实验条件下分别进行 20 次实验,分数线处对应的最大信息量的平均值和标准差。由表可知,第一种实验条件下($\rho = 0.1$,$Q = 150$,$m = 70$,$d = 360$)的测验信息量均值最大,对各组的最大测验信息量进行方差分析,结果显示各组之间存在显著差异,$F(8, 171) = 24.58$,$p < 0.05$,偏 $\eta^2 = 0.535$,power $= 1$。采用 LSD 方法进行两两对比,结果显示第一种实验条件下的分数线处最大测验信息量和其他各组之间都存在显著差异。另外,第二种实验条件与第四种、第五种实验条件下的分数线处最大测验信息量不存在显著差异(p 值分别为 $p = 0.676$,$p = 0.375$),此三种实验条件下的分数线处最大测验信息量都可

视为第二大。第三种实验条件下的分数线处最大测验信息量与第六、七、八种实验条件下的分数线处最大测验信息量不存在显著差异(p 值分别为 $p = 0.179$，$p = 0.969$，$p = 0.639$)，此四种实验条件下的分数线处最大测验信息量都可视为第三大。第九种实验条件下的分数线处最大测验信息量与其他各组存在显著差异，为最小。

2. 信息量平坦度

表5-7 QACA 各种实验条件下的分数线附近信息量平坦度的均值(M)和标准差(SD)

	1	2	3	4	5	6	7	8	9
M	0.261	0.236	0.196	0.252	0.207	0.209	0.222	0.226	0.210
SD	0.070	0.058	0.063	0.068	0.057	0.057	0.058	0.074	0.060

表5-7 为量子蚁群算法在九种实验条件下的分数线附近信息量平坦度的平均值和标准差。由表可知，第三种实验条件下($\rho = 0.3$，$Q = 450$，$m = 10$，$d = 280$)的分数线附近的信息量最平坦，$PT = 0.196$。对各组分数线附近信息量平坦度进行 F 检验，结果显示各组之间存在显著差异，$F(8, 1711) = 2.357$，$p < 0.05$，偏 $\eta^2 = 0.1$，power $= 0.88$。采用 LSD 方法进行两两比较，结果显示第三种实验条件下的分数线附近信息量平坦度与第五、六、七、八、九种实验条件都没有显著差异(p 值分别为 $p = 0.574$，$p = 0.532$，$p = 0.203$，$p = 0.115$，$p = 0.493$)。

3. 选题时间

表5-8 QACA 各种实验条件下的选题时间的均值(M)　　　　　单位：s

	1	2	3	4	5	6	7	8	9
M	1 127	602	98	985	476	112	577	203	41

表5-8 为量子蚁群算法在九种实验条件下的选题时间的均值，选题时间最短的为第九种实验条件，$t = 41$ s，选题时间最长的为第一种实验条件，$t = 1\ 127$ s。

5.3　蚁群算法和量子蚁群算法的性能比较

因蚁群算法和量子蚁群算法参数寻优实验中的参数设置一样，因此可以直接将两种选题结果进行比较。评价两种算法的指标为：

（1）算法的稳健度（最大测验信息量的标准差，区分度 a、难度 b、猜测度 c 的均值和标准差）。

（2）最大测验信息量平均值的大小。

（3）分数线附近信息量平坦度。

（4）选题时间的长短。

5.3.1　算法稳健性

算法的稳健性考查方式同 3.1.1 节。

1. 最大测验信息量的稳健性

表 5-9 是两种算法各实验条件下，分别进行 20 次选题的分数线处最大信息量的标准差。第一行为实验条件，第二行为普通蚁群算法（ACA）的最大测验信息量的标准差，第三行为量子蚁群算法（QACA）的最大测验信息量的标准差。

表 5-9　ACA 和 QACA 各种实验条件下分数线处最大测验信息量的标准差（SD）

	1	2	3	4	5	6	7	8	9
A SD_1	1.581	1.616	1.998	1.733	1.473	1.818	1.616	2.246	3.235
Q SD_2	1.424	1.576	0.654	1.186	1.205	0.733	1.436	1.587	1.600

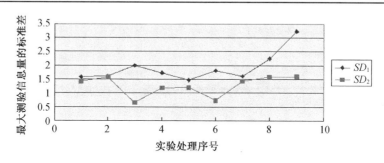

图 5-4　ACA 和 QACA 各种实验条件下分数线处最大测验信息量的标准差对比图

标准差大说明算法性能不稳定，多次选题的结果不稳定，组成的试卷无法平行。表 5-9 和图 5-4 显示，量子蚁群算法在各选题参数组合下的最大信息量的标准差都小于普通蚁群算法。量子蚁群算法下的最小标准差为 0.654，最大为 1.600。普通蚁群算法下的最小标准差为 1.473，大于量子蚁群算法的最小标准差，其最大标准差则达 3.235。因此量子蚁群算法在组多份试卷时，分数线处最大信息量的稳健性要高于蚁群算法。

2. 区分度 a 的稳健度

下面考查各实验条件下 20 次选题的 a、b、c 的平均值和标准差,可以将其作为项目参数的稳健度指标,评价这 20 份试卷的区分度、难度、猜测度是否稳健。

表 5-10　ACA 和 QACA 各种实验条件下的区分度 a 的平均值和标准差(M、SD)

		1	2	3	4	5	6	7	8	9
A	M	0.833 37	0.806 29	0.820 21	0.829 06	0.809 20	0.784 40	0.807 75	0.811 13	0.771 67
	SD	0.043 14	0.039 80	0.046 05	0.058 35	0.043 13	0.043 52	0.035 73	0.052 31	0.049 32
Q	M	0.828 44	0.819 00	0.787 97	0.804 64	0.795 44	0.816 77	0.807 87	0.827 83	0.773 74
	SD	0.031 07	0.031 08	0.035 52	0.033 72	0.027 81	0.019 46	0.034 24	0.026 24	0.040 13

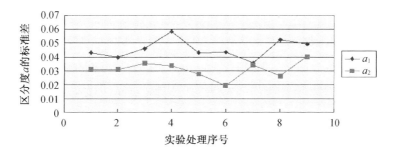

图 5-5　ACA 和 QACA 各种实验条件下的区分度 a 的标准差对比图

表 5-10 显示,两种算法下的区分度值在对应的实验条件下差别不大,将两种算法的试卷区分度标准差进行比较,可知在各实验条件下量子蚁群算法选题得到的区分度标准差都小于普通蚁群算法。

3. 难度 b 的稳健度

表 5-11 为两种算法各实验条件下 20 份试卷的难度的标准差。图 5-6 为普通蚁群算法和量子蚁群算法组出的试卷的难度标准差的比较。

表 5-11　ACA 和 QACA 各种实验条件下的难度 b 的平均数和标准差(M、SD)

		1	2	3	4	5	6	7	8	9
A	M	−0.001 55	−0.033 52	0.028 35	−0.036 45	−0.030 57	0.007 85	−0.008 66	−0.017 9	0.024 64
	SD	0.090 98	0.093 65	0.097 49	0.098 02	0.084 25	0.103 61	0.110 40	0.146 24	0.184 15
Q	M	−0.024 92	−0.022 45	−0.039 39	−0.000 39	−0.013 43	−0.026 7	−0.016 02	0.027 82	0.011 96
	SD	0.065 29	0.091 07	0.049 61	0.053 46	0.082 46	0.072 35	0.090 60	0.096 24	0.114 62

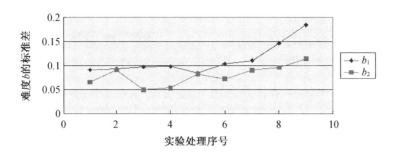

图 5-6　ACA 和 QACA 各种实验条件下的难度 b 的标准差对比图

由表 5-11 和图 5-6 可知,量子蚁群算法在各实验条件下 20 份试卷的难度的标准差都小于普通蚁群算法,因此量子蚁群在选题难度方面的稳健性都大于普通蚁群算法。

4. 猜测度 c 的稳健度

表 5-12 为两种算法各实验条件下 20 份试卷的猜测度的标准差。图 5-7 为普通蚁群算法和量子蚁群算法组出的试卷的猜测度标准差的比较。

表 5-12　ACA 和 QACA 各种实验条件下的猜测度 c 的平均数和标准差(M、SD)

		1	2	3	4	5	6	7	8	9
A	M	0.150 75	0.144 87	0.149 72	0.144 82	0.148 05	0.149 6	0.148 61	0.146 7	0.143 21
	SD	0.008 68	0.011 78	0.008 13	0.005 31	0.008 13	0.010 74	0.008 02	0.004 3	0.010 38
Q	M	0.143 83	0.149 59	0.148 98	0.145 71	0.146 61	0.142 15	0.147 87	0.148 97	0.146 48
	SD	0.005 48	0.009 31	0.007 95	0.008 57	0.008 41	0.007 3	0.005 97	0.008 59	0.009 27

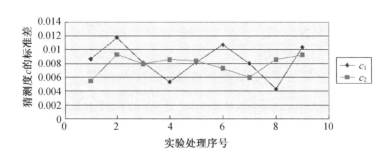

图 5-7　ACA 和 QACA 各种实验条件下的猜测度 c 的标准差对比图

表 5-12 和图 5-7 显示量子蚁群算法虽不是在各种实验条件下的猜测度的标准差都小于普通蚁群算法,但是在其中六种情况下都小于普通蚁群算法,所以总体

上而言量子蚁群算法在猜测度方面的稳健性要优于普通蚁群算法。

5.3.2 分数线处最大测验信息量

　　分数线处最大测验信息量平均值是评价两种算法的主要指标,两种算法在各
实验条件下 20 次选题的分数线处最大测验信息量如表 5-13 所示。

表 5-13　ACA 和 QACA 各种实验条件下的分数线处最大测验信息量均值(M)

		1	2	3	4	5	6	7	8	9
A	M	34.522	32.974	31.974	33.591	33.091	31.026	32.445	31.534	29.595
Q	M	36.046	34.670	33.214	34.495	34.298	32.649	33.231	33.412	30.835

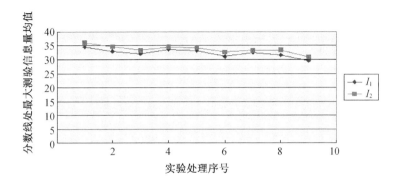

图 5-8　ACA 和 QACA 各种实验条件下的分数线处最大测验信息量均值对比图

　　表 5-13 为量子蚁群算法和普通蚁群算法在各种实验条件下的分数线处最大
信息量均值,图 5-8 为相应的对比图,I_1 和 I_2 分别为 ACA 和 QACA 的分数线处
最大测验信息量的均值,图中横坐标为九种实验处理条件序号,纵坐标为分数线处
最大测验信息量的均值。为了解两种算法在各种条件下的分数线处最大测验信息
量均值是否存在显著差异,对九对最大测验信息量均值做独立样本 t 检验,结果如
表 5-14 所示。

表 5-14　ACA 和 QACA 各种实验条件下的分数线处最大测验信息量的独立样本 t 检验的 p 值

	1	2	3	4	5	6	7	8	9
p	<0.05	<0.05	0.13	0.058	<0.05	<0.05	0.107	<0.05	0.125

　　独立样本 t 检验的结果显示,量子蚁群算法的分数线处最大信息量均值在五
种实验条件下都显著大于普通蚁群算法。

5.3.3 信息量平坦度

表 5-15　ACA 和 QACA 各种实验条件下的分数线处信息量平坦度的均值(M)

		1	2	3	4	5	6	7	8	9
A	M	0.275	0.243	0.224	0.243	0.261	0.225	0.253	0.219	0.199
Q	M	0.261	0.236	0.196	0.252	0.207	0.209	0.222	0.226	0.210

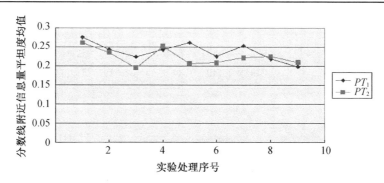

图 5-9　ACA 和 QACA 各种实验条件下的分数线处信息量平坦度均值对比图

表 5-15 为量子蚁群算法和普通蚁群算法选题的分数线附近测验信息量平坦度的均值,图 5-9 为相应的对比图。PT_1 和 PT_2 分别为 ACA 和 QACA 的分数线附近信息量平坦度。为了比较两种算法的 PT 值是存在显著差异,对两种算法对应条件下的 PT 值进行独立样本 t 检验,结果如表 5-16 所示。

表 5-16　ACA 和 QACA 各种实验条件下的分数线附近信息量平坦度的独立样本 t 检验的 p 值

	1	2	3	4	5	6	7	8	9
p	0.476	0.659	0.132	0.657	<0.05	0.352	0.072	0.706	0.569

独立样本 t 检验结果显示,两种算法在各实验条件下的分数线附近信息量平坦度没有显著差异。

5.3.4 选题时间

表 5-17　ACA 和 QACA 各种实验条件下的选题时间的均值(M)　　　　单位: s

		1	2	3	4	5	6	7	8	9
A	M	1 316	724	180	1 158	541	190	629	264	63
Q	M	1 027	602	98	885	476	112	577	203	41

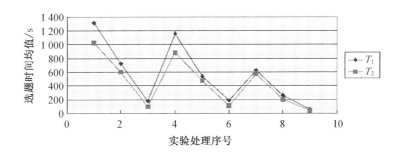

图 5-10 ACA 和 QACA 各种实验条件下的选题时间均值对比图

表 5-17 显示量子蚁群算法的最小选题时间为 41 s,最大为 1 027 s,图 5-10 为选题时间对比,T_1 和 T_2 分别为 ACA 和 QACA 的选题时间。数据显示量子蚁群算法的选题时间在相应的各实验条件下都短于普通蚁群算法。

5.4 研究讨论

5.4.1 ACA 选题实验结果讨论

根据蚁群算法选题的参数测试实验结果,可以分析蚁群算法的四个参数对分数线处最大测验信息量、信息量平坦度、选题时间的影响,并找到满足不同选题需求的最优参数组合。

实验结果显示第一种实验条件下的分数线处测验信息量最大,方差分析显示第一种与第二、第四和第五种实验条件下的没有显著差异,第一、二、四种实验条件下的蚁群数量及迭代次数都大于第五种,然而第五种实验条件下的最大测验信息量与以上几种无显著差异,说明该算法用于选题时在蚁群数量为 50,迭代次数为 200 时,已经达到收敛状态,继续增加蚁群数量及迭代次数对选题结果没有影响。在这几种实验条件下,第二种和第四种的信息量平坦度值最小,然而第五种实验条件下的信息量平坦度值与第二、四种无显著差异,且第五种实验条件的选题时间最短,因此综合考虑以上三个选题指标,可以认为第五种参数组合下($\rho = 0.5$,$Q = 250$,$m = 50$,$d = 200$)的选题结果最优。

5.4.2 QACA 选题实验结果讨论

根据实验结果,可以分析量子蚁群算法的四个参数的最优参数组合。

实验结果显示第一种实验条件下（$\rho=0.1$，$Q=150$，$m=70$，$d=360$）的分数线处测验信息量最大，但是分数线附近的信息量平坦度最差，选题时间也最长（$t=1\,027\,s$）。因此若是将分数线处的测验信息量的重要性视为最大，则选择第一种参数组合。

第二种实验条件与第四种、第五种实验条件下的分数线处最大测验信息量不存在显著差异，为第二大，其中第五种实验条件下的信息量平坦度最优，选题时间最短（$t=476\,s$）。因此若是综合考虑以上三个选题指标，可以认为第五种（$\rho=0.5$，$Q=250$，$m=50$，$d=200$）参数组合下的选题结果最优。

5.4.3 ACA 和 QACA 选题性能比较结果讨论

采用 t 检验对两种算法的分数线处最大测验信息量、分数线附近信息量平坦度进行分析，结果显示量子蚁群算法在九种参数条件下，分数线处最大测验信息量显著优于普通蚁群算法，两种算法的信息量平坦度没有显著差异；在算法的稳健性方面，对各算法下选题 20 次的分数线处最大测验信息量的标准差，试卷的区分度、难度、猜测度的标准差进行分析，结果显示在大部分情况下，量子蚁群算法的稳健性都优于普通蚁群算法。量子蚁群算法明显优于普通蚁群算法之处是其选题时间大大短于普通蚁群算法。因此，综合考虑各方面的算法评价指标，量子蚁群算法要优于普通蚁群算法。

5.5　小结

本研究是为了寻找量子蚁群算法和普通蚁群算法的最佳选题结果，并比较两种算法用于选题方面的效果。

首先，对蚁群算法原理以及模型进行了简介，并对蚁群算法进行九种参数组合实验。由于蚁群算法和量子蚁群算法这两种算法的参数可取的水平较多，因此本实验采用均匀设计。对选题的结果从分数线处最大测验信息量、分数线附近信息量平坦度、选题时间三个方面进行分析，因算法产生的结果具有随机性，因此对前两者的结果采用方差分析，找出实验中的最佳参数组合。

其次，对量子蚁群算法原理以及模型进行了简介，并对量子蚁群算法进行和蚁群算法相同的九种参数组合实验。量子蚁群算法的参数寻优实验结果显示，若期望分数线处测验信息量尽量大，则第一种实验条件下（$\rho=0.1$，$Q=150$，$m=70$，

$d=360$)的参数组合选题结果最优。若综合考虑选题的三个指标,则第五种实验条件下($\rho=0.5$,$Q=250$,$m=50$,$d=200$)的参数组合选题结果最优。被选出的这两种最优参数组合的选题结果将用于最后三种算法的比较,为选题人员提供参考。

最后,对两种算法的综合性能进行分析,从算法的稳健性(分数线处最大测验信息量的标准差,试卷的区分度、难度、猜测度的标准差)、分数线处最大测验信息量的大小、选题时间这几个方面进行分析,结果表明量子蚁群算法在以上各方面都优于普通蚁群算法,尤其是在选题时间方面。

第6章

研 究 总 结

6.1 研究总讨论

第 3、4、5 章分别对遗传算法、量子遗传算法、粒子群算法、量子粒子群算法、蚁群算法、量子蚁群算法用于 HSK 选题进行了实验研究,初步研究表明带量子计算的智能算法选题综合性能要优于普通智能算法。最明显的是量子智能选题的时间要明显短于普通智能算法。这与量子计算的特点有关,因为量子状态的纠缠性、相干性、量子态的叠加等特点,使得量子计算有并行计算的能力,能极大地提高运算速度。虽然普通的计算机也有并行计算的能力,但是这种并行能力和量子计算的并行性大不相同。在普通计算中并行意味着多个处理器同时处理一个计算任务,如此,快于一个处理器处理任务。那么 N 个处理器同时处理一个计算任务时,计算所耗的时间就缩短到之前的 $1/N$。但是这种并行性也是有极限的,并非任何计算任务都能分配给 N 个处理器去做,因为大部分计算都存在连续性,要计算下一步必须等到上一步有结果了才能计算。因此,普通计算机的并行性还不算具有一种彻底的并行性。然而,量子计算的并行是一次性完成的并行计算。在普通的计算机中,1 个 n 位储存器只能存储 1 个 n 位二进制数,但是在量子计算机中,1 个 n 位量子储存器可以同时存储 2^n 个 n 位二进制数。这样量子门对 Hilbert 空间的所有基态进行作用,相当于同时对 2^n 个数进行了计算,这样就使得计算空间随着量子系统的规模呈指数增长,量子系统则能通过简单的线性增长即能完成这指数级的并行运算。

接下来要讨论的是在量子遗传算法、量子粒子群算法、量子蚁群算法中哪种算法选题的效果最优。

根据前文的实验结果,将三种算法中最优的选题结果进行比较。用以下两种方法进行比较:

(1)将各算法最优参数组合下的选题结果挑出来进行比较,选出各方面综合评价指标高的算法。

(2)比较种群大小、迭代次数相同的各算法的选题结果。

采用第一种方法进行比较,比较各算法中分数线处测验信息量最大、平坦度较优且选题时间相对较短的结果。在量子遗传算法中,种群大小为 80,迭代次数为 300 时,以上三种评价指标综合性能最优。在量子粒子群算法中,w_1 的最佳取值为 1.2,w_2 为 0.3,粒子数取 40,迭代次数为 300,以上三种评价指标综合性能最优。在量子蚁群算法中,$\rho=0.5$,$Q=250$,蚂蚁数量 50,迭代次数为 200 时,以上三种评价指标综合性能最优。三种算法选题的对比情况如表 6-1 所示。

表 6-1　QGA、QPSO、QACA 最优选题结果比较表

	$I_0(M)$	$I_0(SD)$	PT	T	SD_a	SD_b	SD_c
QGA	38.165	1.869	0.27	215	0.030 09	0.072 55	0.011 92
QPSO	34.35	1.60	0.29	606	0.039 74	0.083	0.008 49
QACA	34.298	0.733	0.207	476	0.027 81	0.082 46	0.008 41

表 6-1 为量子遗传算法、量子粒子群算法、量子蚁群算法在上述已进行的实验中的在三个主要评价指标方面最优的选题结果,表中第二列为三种算法分数线处测验信息量的均值,表中显示量子遗传算法的信息量结果最优。第三列为三种算法分数线处测验信息量的标准差,是算法稳健度的指标,表中显示量子蚁群算法的稳健性最优。第四列为分数线附近信息量平坦度的大小,表中显示量子蚁群算法的选题信息量平坦程度最优。第五列为三种算法的选题时间,表中显示量子遗传算法的选题时间最短。第六、七、八列为三种算法的区分度 a、难度 b、猜测度 c 的标准差,也是算法稳健度的一个指标。表中显示量子蚁群算法的区分度 a、猜测度 c 的标准差都为最小。因为量子遗传算法选题的分数线处测验信息量的均值最大,选题时间最短,分数线处测验信息量的标准差为 1.869,尚在可接受范围内,因此综合考虑各种算法的评价指标,量子遗传算法为几种算法中最优的选题算法。

采用第二种方法进行比较,比较种群大小、迭代次数相同的各算法的选题结

果。对量子遗传算法和量子蚁群算法进行比较时,算法的种群大小都有选择 40、80、120,迭代次数都有选择 100、300、500,因此可以直接用两者的实验结果进行比较。但是量子蚁群算法实验参数(种群大小、迭代次数)的设置不同于前面两种算法,因此在对量子蚁群算法进行同样种群大小和迭代次数设置后,进行选题实验得到实验数据。然后进行三种算法的比较,因三种算法多次选题的区分度 a、难度 b、猜测度 c 的标准差差别不显著,因此主要从分数线处测验信息量均值和标准差、信息量平坦度、选题时间三个方面进行比较。

(1) 分数线处测验信息量均值

表 6-2 为各算法在各实验条件下分别进行 20 次选题的分数线处测验信息量的均值,表中第一行为实验条件,A 为种群大小,取三个水平:$A_1=40$,$A_2=80$,$A_3=120$;B 为迭代次数,也取三个水平:$B_1=100$,$B_2=300$,$B_3=500$。I_1,I_2,I_3 分别为量子遗传算法(QGA)、量子粒子群算法(QPSO)、量子蚁群算法(QACA)在各实验条件下的分数线处测验信息量均值。图 6-1 为相应的对比图。

表 6-2　QGA、QPSO、QACA 分数线处测验信息量均值(M)比较表

	A_1B_1	A_1B_2	A_1B_3	A_2B_1	A_2B_2	A_2B_3	A_3B_1	A_3B_2	A_3B_3
I_1	34.628	36.994	37.742	36.186	37.391	38.165	36.111	37.817	38.030
I_2	32.748	33.577	33.654	34.611	34.281	35.01	34.837	35.696	35.194
I_3	31.832	34.583	35.276	33.124	34.767	36.311	35.826	36.066	36.326

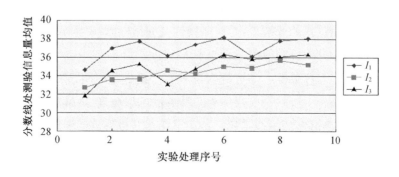

图 6-1　QGA、QPSO、QACA 分数线处测验信息量均值对比图

基于项目反应理论和量子智能算法的选题策略研究

表 6-2 和图 6-1 显示量子遗传算法在所有实验条件下,其选题的分数线处测验信息量均值在三种算法中都为最大。对三种算法每种实验条件下 20 次选题的分数线处测验信息量均值做方差分析,因需要找出最优算法,所以两两比较时看与最大测验信息量的算法有差异的是哪种算法。第一种实验条件下的三种算法分数线处测验信息量均值存在显著差异,$F(2, 57) = 21.85$,$p < 0.5$,偏 $\eta^2 = 0.434$,power $= 1$,QGA 的分数线处测验信息量显著大于 QPSO 和 QACA,$p < 0.5$。第二种实验条件下的三种算法分数线处测验信息量均值存在显著差异,$F(2, 57) = 16.201$,$p < 0.5$,偏 $\eta^2 = 0.326$,power $= 1$,QGA 的分数线处测验信息量显著大于 QPSO 和 QACA,$p < 0.5$。第三种实验条件下的三种算法分数线处测验信息量均值存在显著差异,$F(2, 57) = 19.363$,$p < 0.5$,偏 $\eta^2 = 0.405$,power $= 1$,QGA 的分数线处测验信息量显著大于 QPSO 和 QACA,$p < 0.5$。第四种实验条件下的三种算法分数线处测验信息量均值存在显著差异,$F(2, 57) = 28.257$,$p < 0.5$,偏 $\eta^2 = 0.498$,power $= 1$,QGA 的分数线处测验信息量显著大于 QPSO 和 QACA,$p < 0.5$。第五种实验条件下的三种算法分数线处测验信息量均值存在显著差异,$F(2, 57) = 33.469$,$p < 0.5$,偏 $\eta^2 = 0.54$,power $= 1$,QGA 的分数线处测验信息量显著大于 QPSO 和 QACA,$p < 0.5$。第六种实验条件下的三种算法分数线处测验信息量均值存在显著差异,$F(2, 57) = 33.018$,$p < 0.5$,偏 $\eta^2 = 0.244$,power $= 0.97$,QGA 的分数线处测验信息量显著大于 QPSO 和 QACA,$p < 0.5$。第七种实验条件下的三种算法分数线处测验信息量均值存在显著差异,$F(2, 57) = 16.542$,$p < 0.5$,偏 $\eta^2 = 0.367$,power $= 1$,QGA 的分数线处测验信息量显著大于 QPSO 和 QACA,$p < 0.5$。第八种实验条件下的三种算法分数线处测验信息量均值存在显著差异,$F(2, 57) = 23.791$,$p < 0.5$,偏 $\eta^2 = 0.455$,power $= 1$,QGA 的分数线处测验信息量显著大于 QPSO 和 QACA,$p < 0.5$。第九种实验条件下的三种算法分数线处测验信息量均值存在显著差异,$F(2, 57) = 37.043$,$p < 0.5$,偏 $\eta^2 = 0.565$,power $= 1$,QGA 的分数线处测验信息量显著大于 QPSO 和 QACA,$p < 0.5$。

(2) 分数线处测验信息量标准差

表 6-3 为各算法在各实验条件下分别进行 20 次选题的分数线处测验信息量的标准差,SD_1, SD_2, SD_3 分别为量子遗传算法(QGA)、量子粒子群算法(QPSO)、量子蚁群算法(QACA)在各实验条件下的分数线处测验信息量的标准差。图 6-2 为相应的对比图,此项能够反映算法用于此次选题的稳健性。

表6-3　QGA、QPSO、QACA 分数线处测验信息量标准差(SD)比较表

	A_1B_1	A_1B_2	A_1B_3	A_2B_1	A_2B_2	A_2B_3	A_3B_1	A_3B_2	A_3B_3
SD_1	1.314	1.505	1.641	1.426	1.438	1.869	1.418	1.427	0.899
SD_2	1.509	1.322	1.641	1.439	1.197	1.165	1.697	1.062	1.297
SD_3	1.524	1.576	1.654	1.586	1.405	1.733	1.436	1.487	1.510

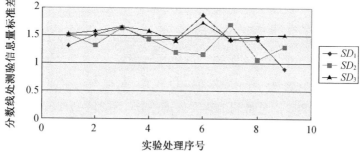

图6-2　QGA、QPSO、QACA 分数线处测验信息量标准差(SD)对比图

标准差越小说明选题结果越稳定,根据图6-2和表6-3显示,量子遗传算法的标准差(SD_1)在大部分(七种)情况下都为最小,所以量子遗传算法的选题稳健性为最佳。

（3）信息量平坦度均值

表6-4为各算法在各实验条件下分别进行20次选题的分数线附近测验信息量的平坦度,PT_1,PT_2,PT_3分别为量子遗传算法（QGA）、量子粒子群算法（QPSO）、量子蚁群算法（QACA）在各实验条件下的分数线附近测验信息量平坦度均值。图6-4为相应的对比图,该项值越小,选题效果越好,选题误差越小。

表6-4　QGA、QPSO、QACA 分数线附近测验信息量平坦度均值(M)比较表

	A_1B_1	A_1B_2	A_1B_3	A_2B_1	A_2B_2	A_2B_3	A_3B_1	A_3B_2	A_3B_3
PT_1	0.190	0.255	0.256	0.207	0.280	0.270	0.247	0.300	0.278
PT_2	0.228	0.234	0.237	0.233	0.223	0.24	0.288	0.25	0.231
PT_3	0.189	0.234	0.273	0.220	0.265	0.275	0.256	0.286	0.304

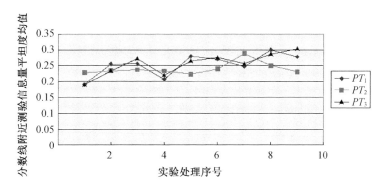

图 6-3　QGA、QPSO、QACA 分数线附近测验信息量平坦度均值(M)对比图

从图 6-3 和表 6-4 中可知,三种算法下分数线附近测验信息量平坦度的均值差异不大。为了排除随机因素的影响,对三种算法每种实验条件下 20 次选题的分数线附近测验信息量平坦度的均值做方差分析,结果显示第一种实验条件下的三种算法分数线附近测验信息量平坦度无显著差异,$F(2, 57)=2.339$,$p=0.106$,偏 $\eta^2=0.076$,power$=0.455$;第二种实验条件下的三种算法分数线附近测验信息量平坦度无显著差异,$F(2, 57)=0.764$,$p=0.47$,偏 $\eta^2=0.026$,power$=0.174$;第三种实验条件下的三种算法分数线附近测验信息量平坦度无显著差异,$F(2, 57)=1.633$,$p=0.204$,偏 $\eta^2=0.054$,power$=0.331$;第四种实验条件下的三种算法分数线附近测验信息量平坦度无显著差异,$F(2, 57)=0.381$,$p=0.685$,偏 $\eta^2=0.013$,power$=0.108$;第五种实验条件下的三种算法分数线附近测验信息量平坦度无显著差异,$F(2, 57)=1.961$,$p=0.15$,偏 $\eta^2=0.064$,power$=0.39$;第六种实验条件下的三种算法分数线附近测验信息量平坦度无显著差异,$F(2, 57)=0.44$,$p=0.646$,偏 $\eta^2=0.015$,power$=0.118$;第七种实验条件下的三种算法分数线附近测验信息量平坦度无显著差异,$F(2, 57)=0.669$,$p=0.516$,偏 $\eta^2=0.023$,power$=0.157$;第八种实验条件下的三种算法分数线附近测验信息量平坦度无显著差异,$F(2, 57)=0.562$,$p=0.573$,偏 $\eta^2=0.019$,power$=0.139$;第九种实验条件下的三种算法分数线附近测验信息量平坦度无显著差异,$F(2, 57)=0.797$,$p=0.456$,偏 $\eta^2=0.027$,power$=0.179$。

因此三种算法每种对应实验条件下的分数线附近测验信息量平坦度都不存在显著差异。

(4) 选题时间

表 6-5 中的 T_1,T_2,T_3 分别为量子遗传算法(QGA)、量子粒子群算法

(QPSO)、量子蚁群算法(QACA)在各实验条件下的选题时间。

表 6-5　QGA、QPSO、QACA 选题时间均值比较表　　　　　单位：s

	A_1B_1	A_1B_2	A_1B_3	A_2B_1	A_2B_2	A_2B_3	A_3B_1	A_3B_2	A_3B_3
T_1	24.4	82.5	140.5	31.4	128.8	214.9	61.9	194.7	308.74
T_2	136.9	538.7	805.7	238.7	744	1 252.8	347.8	1 068.2	1 896
T_3	208.3	597.2	873.7	565.6	1 056.8	1 335.5	1 037.9	1 539.4	1 965.7

图 6-3　QGA、QPSO、QACA 选题时间均值(M)对比图

　　表 6-5 和图 6-3 显示量子遗传算法的选题时间要远远小于其他两种算法,种群大小和迭代次数越大,选题时间的差距越明显。

　　综上所述,量子遗传算法在本选题实验中,分数线处测验信息量均值在三种算法中都为最大,且量子遗传算法的选题时间远远小于量子蚁群算法。另外,量子遗传算法的标准差(SD_1)在大部分(七种)情况下都为最小,所以以量子遗传算法的选题稳健性为最佳。三种算法在分数线附近测验信息量平坦度的均值没有显著差异。综合考虑以上因素,特别是选题时间和分数线处测验信息量均值,量子遗传算法在本实验中为三种选题算法中性能最优的算法。

6.2　研究总结

　　汉语水平考试(HSK)作为一项大规模的考试,应该在科学的测量标准下进行编制,建立题库,按照项目反应理论进行难度、区分度、猜测度估计,并进行等值,然后用科学快速的算法进行选题。本研究建立了模拟题库,制定了选题蓝图,用

基于项目反应理论和量子智能算法的选题策略研究

MATLAB 软件进行编程,用六种群智能算法进行选题,要求算法能稳定地组出多份平行试卷,并且分数线处的测验信息量尽可能大,多次选题的分数线处的测验信息量标准差,区分度、难度、猜测度标准差尽可能小,分数线附近信息量平坦度尽量优,选题时间尽可能短。本研究对各种算法进行了多种参数组合的选题实验。

进行多次实验,一是为了寻求算法最合适的种群大小和迭代次数,当算法的种群大小和迭代次数达到一定程度时,算法将收敛,优化结果将不再随种群大小和迭代次数增加。二是对多种不同参数组合进行选题,能够比较两种算法在各种参数条件下的选题结果的优劣,只有在所有或大多数相应参数组合下优,才算较优算法。三是为了从各种参数组合中选出最优的选题结果与其他算法进行算法综合性能比较。

本研究可以得出以下结论:

(1) 利用遗传算法进行本研究的选题实验的结果表明:虽然分数线处测验信息量比较大,但是多次选题的标准差也较大,算法不稳健。

(2) 用量子遗传算法的九种参数组合进行选题实验,经结果分析和讨论后得出:若将分数线处测验信息量指标视为最重要,不考虑信息量平坦度和选题时间,可选择种群大小为 80,迭代次数为 500。若综合考虑三个指标,分数线处测验信息量要尽量大,信息量平坦度也大,且选题时间短可以选择种群大小为 80,迭代次数为 300。

(3) 采用 t 检验对普通遗传算法和量子遗传算法的分数线处最大测验信息量、分数线附近信息量平坦度进行分析,结果显示:在同样的种群大小和迭代次数下,普通遗传算法虽然在大部分情况下的最大测验信息量大于量子遗传算法,但是普通遗传算法选题的分数线附近信息量平坦度值显著差于量子遗传算法。另外,从选题时间、算法的稳健性的角度来看,量子遗传算法的选题时间大大短于普通遗传算法,其稳健性也大大优于普通遗传算法。因此量子遗传算法用于选题的综合性能要优于普通遗传算法。

(4) 虽然粒子群算法用于解决其他优化问题时,c_1 和 c_2 的取值使得优化结果不同,但是本研究首次采用方差分析法进行差异显著性检验,结果显示:采用粒子群算法进行选题时,c_1 和 c_2 取不同值对分数线处最大测验信息量、分数线附近信息量平坦度和选题时间没有显著影响,因此可以在 [1, 4] 之间任意取值。

(5) 量子粒子群算法选题实验结果表明:惯性权重 w_1 和 w_2 对分数线处最大测验信息量没有显著影响,但是对信息量平坦度有显著影响。因此选题时要考虑其取值,量子粒子群的最佳参数组合有以下两种情况:若是将分数线处最大测验信息量和信息量平坦度指标视为最重要,则 w_1 的最佳取值为 1.2,w_2 为 0.3,粒子数取 40,迭代次数为 700。若是综合考虑三个指标的重要性,则 w_1 的最佳取值为 1.2,w_2 为 0.3,粒子数取 40,迭代次数为 300。

(6) 采用 t 检验对两种算法的分数线处最大测验信息量、分数线附近信息量平坦度进行分析,在分数线附近信息量平坦度上,两种算法没有显著差异,但是量子粒子群算法在最大测验信息量上大部分(五种)情况下显著高于粒子群算法,其选题时间、选题稳健度方面都比粒子群算法略胜一筹。因此,可以认为量子粒子群算法用于基于项目反应理论的 HSK 选题时,选题效果要优于粒子群算法。

(7) 量子蚁群算法选题结果表明:若是将分数线处的测验信息量的重要性视为最大,则选择第一种参数组合($\rho = 0.1$,$Q = 150$,$m = 70$,$d = 360$)。若是综合考虑三个选题指标,则第五种($\rho = 0.5$,$Q = 250$,$m = 50$,$d = 200$)参数组合下的选题结果最优。

(8) 采用 t 检验对普通蚁群算法和量子蚁群算法的分数线处最大测验信息量、分数线附近信息量平坦度进行分析,结果显示量子蚁群算法在九种参数条件下,分数线处最大测验信息量显著优于普通蚁群算法,两种算法的信息量平坦度没有显著差异;在算法的稳健性方面,对各算法下选题 20 次的分数线处最大测验信息量的标准差,试卷的区分度、难度、猜测度的标准差进行分析,结果显示在大部分情况下,量子蚁群算法的稳健性都优于普通蚁群算法。量子蚁群算法明显优于普通蚁群算法之处是其选题时间大大短于普通蚁群算法。因此,综合考虑各方面的算法评价指标,量子蚁群算法要优于普通蚁群算法。

(9) 对量子遗传算法、量子粒子群算法、量子蚁群算法这三种算法用两种方法进行了比较,两种方法的比较结果都表明,量子遗传算法虽然不是在所有评价指标上都为最优,但是在大部分评价指标上都显示为最优,特别是其选题时间要远远短于其他几种算法,因此量子遗传算法为本次选题的最优算法。

6.3　研究创新点

(1) 首次在选题中采用量子智能算法进行选题。

(2) 采用遗传算法和量子遗传算法、粒子群算法和量子粒子群算法、蚁群算法和量子蚁群算法进行选题比较研究。

（3）以往的参数设置研究大多数采用试探法及单因素方法，本研究首次对粒子群算法及量子粒子群算法的参数设置采用正交设计。

（4）对蚁群算法和量子蚁群算法的参数设置采用均匀设计。

（5）对算法选题稳健性从多角度进行了考查，提出算法稳健性指标包括多次选题的目标函数值的标准差，区分度 a、难度 b、猜测度 c 的标准差。

（6）由于测量总是存在误差的，因此我们不能把被试的能力值 θ_0 看作是一个点，而应看作是一个区间 $[\theta_{0-d}, \theta_{0+d}]$，我们应该考虑这个区间中的平均信息量。如果测量的误差较大，这个区间就较宽；如果测量的误差较小，这个区间就较窄。因此本研究提出了分数线附近平均信息量的平坦程度大小 —— 平坦度的概念，并将其作为评价算法优劣的一个指标。

（7）对不同参数条件下的选题结果采用方差分析法进行差异显著性检验。因群智能算法每次运行得到的结果不是固定的，因此同一个参数条件下要运行 10 次到 20 次，以往的研究是将这 10 次到 20 的结果取平均值来比较各参数条件下的选题结果，在各实验条件下没有考虑到随机因素的影响，因此本研究将引入方差分析方法，对分数线处最大测验信息量及分数线附近信息量平坦度进行差异显著性检验，能够挑出那些测验信息量没有显著差异，但是选题时间却相对短的选题参数组合，能够为选题人员提供重要信息。

6.4 研究不足及展望

（1）本研究只是一个探索性研究，首次将各种量子算法引入 HSK 选题，算法方面可能还不太成熟。若是对普通算法进行改进，能否得到优于量子智能算法的选题结果，或者对量子智能算法进行改进，得到在各方面都大大优于普通算法的结果，这些设想是我们需要进一步研究的问题。

（2）本研究在进行算法参数设置实验时，依据前人的研究选取了各参数的一些水平，若参数取其他水平，是否还会继续得到更好的优化结果还不得而知，但是考虑到目前分数线处最大测验信息量已经达到目标，我们认为没有必要再进行更多的参数实验，目前的测验误差最小都能控制在 0.16 左右，已经算是较好的结果。除非选题人员需要的测验误差极其小，可以进行进一步实验。

（3）本研究的研究对象为 HSK 模拟题库，目前 HSK 还不太成熟，有一些约束条件还没有形成正式规范，因此在本研究中也没有考虑，例如，知识点的层次（识记、领会、运用、分析、综合、评价等）、知识点的重复问题。另外,本研究为模拟研究,需要做大量的实验,因此很多试题的曝光次数必然会比较多,因此在这里暂不考虑曝光度,但是在实际应用中,将会根据试题上次被抽中的时间及总次数来进行曝光率的控制。若是考虑的约束条件越多,则群智能算法的优越性就越能体现出来。因此,这些算法可以方便地用于其他各种大型考试选题中。

参 考 文 献

［1］ Ackerman T. An alternative method-ology for creating parallel test forms using the IRT information function［C］. Paper presented at the annual meeting of the National Council on Measurement in Education, San Francisco, 1989.

［2］ Wyse A E. The Potential Impact of Not being able to create parallel tests on expected classification accuracy［J］. Applied Psychological Measurement, 2011,35(2): 110-126.

［3］ Adema J J. A note on solving large-scale zero-one programming problems (Research Report No. 88－4)［R］. Enschede, The Netherlands: University of 'Itvente, Department of Educational Measurement and Data Analysis, 1988.

［4］ Adema J J. The construction of customized two-stage tests［J］. Journal of Educational Measurement, 1990,27(3): 241-253.

［5］ Adema J J. Methods and models for the construction of weakly parallel tests［J］. Applied Psychological Measurement, 1992,16: 53-63.

［6］ Adema J J, Boekkooi-Timminga E, Gademan A J R M. Computerized test construction ［M］//In M. Wilson Ed. Objective measurement: Theory into practice, 1992(Vol. 1, pp. 261-273). Norwood N1: Ablex.

［7］ Adema J J, Boekkooi-Timminga E, van der Linden W J. Achievement test construction using 0-1 linear programming［J］. European Journal of Operational Research, 1991,55(1): 103-111.

［8］ Adema J J, van der Linden W J. Algorithms for computerized test construction using classical item parameters［J］. Journal of Educational Statistics, 1989,14(3), 279-290.

［9］ Armstrong R D, Jones D H. Polynomial algorithms for item matching［J］. Applied Psychological Measurement, 1992,16: 365-373.

［10］ Armstrong R D, Jones D H, Li X, et al. A study of a network-flow algorithm and a noncorrecting algorithm for test assembly［J］. Applied Psychological Measurement, 1996, 20(1): 89-98.

参考文献

137

［11］Armstrong R D, Jones D H, Wang, Z. Automated parallel test construction using classical test theory[J]. Journal of Educational Statistics, 1994, 19: 73-90.

［12］Armstrong R D, Jones, D H, Wang Z. Network optimization in constrained standardized test construction. In K. D. Lawrence (Ed)[C]. Applications of management science: Network optimization applications, 1995 (Vol. 8, pp. 189-212).Greenwich CT: JAI Press.

［13］Barenco A, Deutsch D, Ekert A, et al. Conditional quantum dynamics and logic gates[J]. Physical Review. Letters, 1995, 74(20): 4083-4086.

［14］Abido A A. Particle swarm optimization for multimachine power system stabilizer design [J]. Power Engineering Society Summer Meeting Conference Proceedings, 2001, 3: 1346-1351.

［15］Berger M P F. Optimal design of tests with dichotomous and polytomous items[J]. Applied Psychological Measurement, 1998, 22(3): 248-258.

［16］Boekkooi-Timminga E. A cluster-based method for test construction [J]. Applied Psychological Measurement, 1990, 14(4): 341-354.

［17］Boekkooi-Timminga E. A method for designing Rasch model based item banks[C]. Paper presented at the annual meeting of the Psychometric Society, Princeton NJ.

［18］Boekkooi-Timminga E, van der Linden, W J. Algorithms for automated test design[M]// Maarse F J, Mulder L J M, Sjouw W P B, et al. Computers in psychology: Methods, instrumentation and psychodiagnostics. Berwvn PA: Swets Publishine, 1988.

［19］Murphy D L, Dodd B G, Vaughn B K. A comparison of item selection techniques for testlets[J]. Applied Psychological Measurement, 2010, 34(6): 424-437.

［20］Chang H H, Ying Z L. Astraitified multistage computerized adaptive testing[J]. Applied Psychological Measurement, 1999, 23: 211-222.

［21］De Jong K, Spears W. Using genetic algorithms to solve NP-complete Problems[C]// Proceedings of the Third International Conference on Genetic Algorithms, 1989: 56-63.

［22］Fogel D B. Evolutionary[M]. New York: IEEE PRESS, 1995: 100-120.

［23］Hambleton, R. K., Swaminathan H, Rogers, H. J. Fundamentals of item response theory [M]. Newburry Pary, CA:SAGE, 1991, 50-55.

［24］Gierl M J, Haladyna T M. Automatic item generation: Theory and practice[M]. New York, NY: Routledge, 2012.

［25］Geerlings, H. Psychometric methods for automated test design[D]. Enschede: University of Twente, 2012.

［26］Grover L K. Algorithms for quantum computation: Discrete logarithms and factoring[C]// Proceedings 35th Annual Symposium on Foundations of Computer Science, November

20-22，1994，Santa Fe，NM，USA. IEEE，1994：124-134.

[27] Geerlings H，van der Linden W J，Glas G A W. Optimal Test Design With Rule-Based Item Generation[J].Applied Psychological Measurement，2013,37(2)：140-161.

[28] Han K H，Kim J H. Genetic quantum algorithm and its application to combinatorial optimization problem［C］//Proceedings of the 2000 Congress on Evolutionary Computation，CEC00，IEEE，2002.

[29] Han K H，Kim J H. Quantum-inspired evolutionary algorithm with a new termination criterion,gate and two-phase scheme[J]. IEEE Transactions on Evolutionary Computation，2004，8(2),156-169.

[30] Han K H，Park K H，Lee C H，et al. Parallel quantum-inspired genetic algorithm for combinatorial optimization problem[J]. Proceedings of the 2001 Congress on Evolutionary Computation. 2001，2：1422-1429.

[31] Lord F M. Practical applications of item characteristic curve theory［J］. Journal of Educational Measurement，1977，14(2)：117-138.

[32] Lord F M. Applications of Item Response Theory to Practical Testing Problems［M］. Hillsdale，NJ：Lawrence Erlbaum Associates.1980.

[33] Swanson L，Stocking M L. A model and heuristic for solving very large item selection problems[J]. Applied Psychological Measurement. 1993，17(2)：151-166.

[34] Luecht R D. Computer-assisted test assembly using optimization heuristics［J］. Applied Psychological Measurement，1998，22：224-236.

[35] Luecht，R M，&. Hirsch，T. M. (1992). Computerized test construction using an average growth approximation of target information functions［J］. Applied Psychological Measurement，1992，16：41-52.

[36] Li X，Qian L H. A modified quantum-inspired evolutionary algorithm based on immune operator and its convergence［C］//2008 Fourth International Conference on Natural Computation. October 18-20，2008，Jin an，China. IEEE，2008：136-140.

[37] Liu J，Xu W B，Sun J. Quantum-behaved particle swarm optimization with mutation operator［C］//17th IEEE International Conference on Tools with Artificial Intelligence，HongKong，China. IEEE，2005：3078-3093.

[38] Yang S Y，Wang M，Jiao L C. A novel quantum evolutionary algorithm and its application ［C］//Proceedings of the 2004 Congress on Evolutionary Computation. June 19-23，2004，Portland，OR，USA. IEEE，2004：820-826.

[39] Narayanan A，Moore M. Quantum-inspired genetic algorithm［C］//Proc of IEEE Internation on Conference on Congress on Evolutionary Computation，1996：61-66.

［40］ Sanders P F, Armstrong R D, Jones D H, et al. IRT Test Assembly Using Network-Flow Programming[J], Applied Psychological Measurement, 1998, 22(3): 237-247.

［41］ Sanders P F, Verschoor A J. Parallel test construction using classical item parameters[J]. Applied Psychological Measurement, 1998, 22(3): 212-223.

［42］ Swanson L, Stocking M L. A model and heuristic for solving very large item selection problems[J]. Applied Psychological Measurement, 1993, 17: 151-166.

［43］ Shor P W. Algorithms for quantum computation: Discrete logarithms and factoring[C]// Proc of the 35th Annual Sysp on Foundations of Computer Science. New Mexico: IEEE Computer Society Press, 1994: 124-134.

［44］ Sun J, Feng B, Xu W B. Particle swarm optimization with particles having quantum behavior[C]//Congress on Evolution Computation, Piscataway NJ, 2004: 325-331.

［45］ Theunissen T J J M. Binary programming and test design[J]. Psychometrika, 1985, 50: 411-420.

［46］ Theunissen T J J M. Some applications of optimization algorithms in test design and adaptive testing[J]. Applied Psychological Measurement, 1986, 10(4): 381-389.

［47］ Timminga E, Adema J J. Test construction from item banks[M]//Fischer G H, Molenaar I W. The Rasch model: Foundations, recent developments, and applications. New York: Springer-Verlag, 1995.

［48］ Timminga E, Adema J J. An interactive approach to modifying infeasible 0-1 linear programming models for test construction [M]//En-gelhard Jr G. Wilson M. Objective measurement: Theory into practice. Norwood NJ: Ablex. 1996: 419-436.

［49］ van der Linden W J. Automated test construction using minimax programming[D]//van der Linden W J. IRT-based test construction (Research Report 87 - 2). Enschede: University of Twente, 1997.

［50］ van der Linden W J. IRT-based test construction [D]. Enschede: University of Twente, 1997.

［51］ van der Linden W J. Models for use in computerized test systems[M]//Moonen J, Plomp T. Developments in educational software and courseware. Oxford: Pergamon Press, 1987: 299-307.

［52］ van der Linden W J. Assembling tests for the measurement of multiple traits[J]. Applied Psychological Measurement, 1996, 20(4): 373-388.

［53］ van der Linden W J. Assembling test forms for use in large-scale assessments [C]// Proceedings of the National Assessment Governing Board Achievement Levels Workshop. Washington DC: National Assessment Governing Board, 1997.

［54］ van der Linden W J. Optimal assembly of psychological and educational tests［J］. Applied Psychological Measurement，1998，22：195-211.

［55］ van der Linden W J, Boekkooi-Timminga E. A zero-one programming approach to guiliksen's matched random subtests method［J］. Applied Psychological Measurement，1988, 12(2)：201-209.

［56］ Linden W J, Boekkooi-Timminga E A maximin model for IRT-based test design with practical constraints［J］. Psychometrika，1989，54(2)：237-247.

［57］ van der Linden W J, Zwarts M A. Some procedures for computerized ability testing［J］. International Journal of Educational Research，1989，13(2)：175-187.

［58］ van der Linden W J, Veldkamp B P, Reese L M. An integer programming approach to item bank design［J］. Applied Psychological Measurement，2002，24 (2),139-150.

［59］ van der Linden W J, Glas C A W. Elements of adaptive testing［M］. New York，NY：Springer，2010.

［60］ van der Linden W J, Pashley P J. Item selection and ability estimation in adaptive testing ［M］//Elements of Adaptive Testing. New York，NY：Springer，2009：3-30.

［61］ van den Bergh F. An Analysis of Particle Swarm Optimization［D］. Pretoria：University of Pretoria，2001.

［62］ Li Y, Zhang Y N, Zhao R C, et al. The immune quantum-inspired evolutionary algorithm ［C］//2004 IEEE International Conference on Systems,Man and Cybernetics. The Hagaue，Netherlands. IEEE，2004：3301-3305.

［63］ Yang C, Yang H D, Deng F Q. Quantum-inspired immune evolutionary algorithm based parameter optimization for mixtures of kernels and its application to supervised anomaly IDSs［C］//Proc of IEEE Word Congress on Intelligent Control and Automation，2008：4568-4573.

［64］ Yang J N, Zhuang Z Q. Multi-universe parallel quantum genetic algorithm and its application in blind source separation［C］//International Conference on Netural Networks and Signal Processing，IEEE，2003：393-398.

［65］ Zhang J S, Zhang C. Chaos updating rotated gates quantum-inspired genetic algorithm ［C］//Proc of International Conference on Communications,Circuits and Systems，2004：1108-1112.

［66］ Zhang X X. Quantum-inspired immune evolutionary algorithm［C］//Proc of IEEE International Seminar on Business and Information Management，2008：323-325.

［67］ 边琦.基于 IRT 指导的标准参照测验编制的算法设计［J］.内蒙古师范大学学报（自然科学汉文版），2009，38(6)：674-676.

[68] 闭应洲,苏德富,陈宁江.基于矩阵编码的遗传算法及其在自动选题中的应用[J].计算机工程,2003,29(6):73-75.

[69] 卞灿.基于人工鱼群算法的智能选题研究[D].长沙:湖南师范大学,2009.

[70] 陈梅,王翠茹.基于IRT指导的双界分点测验编制的算法设计[J].中央民族大学学报(自然科学版),2010,19(3):52-55.

[71] 陈国明.计算机技术在心理测验中应用的若干问题[J].宁波教育学院学报,1999,1(1):15-19.

[72] 董敏,霍剑青,王晓蒲.基于自适应遗传算法的智能选题研究[J].小型微型计算机系统,2004,25(1):82-85.

[73] 戴亚非,李晓明,唐朔飞.计算机自动选题演算法分析[J].小型微型计算机系统,1995,16(9):51-55.

[74] 杜鹏东,田振清.基于IRT指导的选题策略的遗传算法设计与实现[J].内蒙古师范大学学报(自然科学汉文版),2007,36(2):164-167.

[75] 丁树良,漆书青,戴海崎,等.用信息量控制测试误差的几个问题[J].考试研究,2002,26(3):04-13.

[76] 范会勇,杨新国,张进辅.均匀设计在心理实验中的应用探讨[J].心理科学进展,2009,17(1):233-239.

[77] 方开泰,马长兴.正交与均匀试验设计[M].北京:科学出版社,2001.

[78] 方开泰.均匀设计:数论方法在试验设计中的应用[J].应用数学学报,1980(3):363-372.

[79] 方开泰.均匀设计与均匀设计表[M].北京:科学出版社,1994.

[80] 管宝云,尹琦.基于混合智能算法的自动选题问题研究[J].天津工业大学学报,2006,25(4):97-100.

[81] 宫磊,赵方.基于改进自适应遗传算法的智能选题算法[J].计算机与现代化,2008(5):32-35.

[82] 韩汉鹏.试验设计引论[M].北京:中国林业出版社,2006.

[83] 黄常新,张其吉.人格维度与注意分配的关系及其选拔意义[J].心理学报,1993(2):148-154.

[84] 黄宝玲.自适应遗传算法在智能选题中的应用[J].计算机工程,2001,37(14):23-25.

[85] 黄淑丽.智能计算理论在网络试题库中的应用[D].南昌:南昌大学,2011.

[86] 黄永青,梁昌勇,张祥德.基于均匀设计的蚁群算法参数设定[J].控制与决策,2006,21(1):93-96.

[87] 胡维华,梁荣华,江虹.多目标选题策略研究与应用[J].杭州电子工业学院学报,1999,19(2):37-41.

[88] 胡维芳.论项目反应理论[J].高等理科教育,2005(3):64-66.

[89] 胡海峰,何伟娜.改进小生境遗传算法在选题策略中的应用研究[J].喀什师范学院学报, 2011,32(3):3.

[90] 胡毓达.实用多目标最优化[M].上海:上海科学技术出版社,1990.

[91] 胡楠,谢政权.基于混合求解算法的智能组卷研究[J].科学技术与工程,2009,9(13): 3642-3645.

[92] 蒋声,陈瑞琛.拉丁方型均匀设计[J].高效应用数学学报,1987,2(4):532-540.

[93] 江善和,王其申,江巨浪.均匀设计在粒子群算法参数设定中的应用[J].控制工程,2010, 17(2):205-208.

[94] 焦李成,杜海峰,刘芳,等.免疫优化计算、学习与识别[M].北京:科学出版社,2006.

[95] 金尚年.量子力学的物理基础和哲学背景[M].上海:复旦大学出版社,2007.

[96] 康燕,孙俊,须文波.具有量子行为的粒子群优化算法的参数选择[J].计算机工程与应用, 2007,43(23):40-42.

[97] 刘仁金.基于粒度合成计算的智能选题策略研究[J].广西师范大学学报(自然科学版), 2005,23(4):33-36.

[98] 刘志雄.粒子群算法中随机数参数的设置与实验分析[J].控制理论与应用,2010,27(11): 1489-1496.

[99] 刘仁云.基于灰色粒子群算法的可靠性稳健优化设计[J].吉林大学学报,2006,36(6): 893-897.

[100] 李海兵.智能选题系统的研究与实现[M].长沙:中南大学,2008.

[101] 李佳.基于 IRT 模型的题库智能组卷策略[D].南昌:江西师范大学,2007.

[102] 李佳,丁树良,汪文义,等.基于 IRT 模型的智能选题策略[J].江西师范大学学报(自然科学版),2009,33(4):405-409.

[103] 李欣然,靳雁霞.一种求解选题问题的量子粒子群算法[J].计算机系统应用,2012,7(21): 244-248.

[104] 李十勇,梁其健,葛为民.考试管理的理论与技术[M].武汉:华中师范大学出版社,2006.

[105] 罗佳,张仁津,张贵明.改进的混合遗传算法的组卷系统模型及算法[J].贵州师范大学学报(自然科学版),2009,27(1):85-89.

[106] 陈永强,李研.蚁群算法及其应用[M].哈尔滨:哈尔滨工业大学出版社,2004.

[107] 路景.基于改进遗传法的智能选题研究[D].长沙:中南大学,2007.

[108] 马德良.基于改进遗传算法的智能组卷[D].长沙:国防科学技术大学,2010.

[109] 马跃亮,靳志强,孙晨霞.一种改进的多目标粒子群选题算法[J].微型机与应用,2009, 29(23):11-13.

[110] 马跃亮.基于改进粒子群算法的选题策略研究[D].保定:河北农业大学,2011.

[111] 孟朝霞.基于自适应免疫遗传算法的智能选题[J].计算机工程,2008,34(14):203-205.

[112] 全惠云,范国闯,赵霆雷.基于遗传算法的试题库智能选题系统研究[J].武汉大学学报(自然科学版),1999,11(5):758-760.

[113] 漆书青,文剑冰,戴海崎,等.题库智能化选题的心理计量理论与方法[J].心理学探新,1999(2):36-39.

[114] 漆书青,周骏,张表华.用信息函数法对标准参照测验作质量分析[J].心理与行为研究,2003,1(1):34-39.

[115] 任露泉.实验优化设计与分析[M].北京:高等教育出版社,2001.

[116] 任学惠,周小健等.基于小生境遗传算法的自动选题[J].兰州理工大学学报,2009,35(4):94-95.

[117] 任凤鸣,李丽娟.改进的PSO算法中学习因子c_1,c_2取值的实验与分析[J].广东工业大学学报,2008,25(1):86-89.

[118] 舒华.心理与教育研究中的多因素实验设计[M].北京:北京师范大学出版社,2004.

[119] 石中盘,韩卫.基于概率论和自适应遗传算法的智能抽题算法[J].计算机工程,2002(1):141-143.

[120] 史杨.基于改进遗传算法的智能选题系统研究[D].武汉:武汉理工大学,2011.

[121] 唐世文.基于蚁群算法的智能选题算法研究[J].计算机时代,2011,10:37-39.

[122] 汤浪平.基于遗传禁忌搜索算法的自动组卷问题研究[J].计算机时代,2009,(8):23-26.

[123] 王文中.Rasch测量理论与其在教育与心理之应用[J].教育与心理研究,2004,27(4):637-694.

[124] 王友仁,施玉霞,姚睿,等.题库系统智能成卷理论和选题方法研究[J].电子科技大学学报,2006,35(3):36-38.

[125] 王淑佩,易叶清.基于改进自适应遗传算法的选题研究[J].科学技术与工程,2006,6(4):468-473.

[126] 王孝玲.教育测量[M].上海:华东师范大学出版社,2001.

[127] 王一萍,曲伟建,潘海珠.一种基于粒子群优化的选题算法[J].兵工自动化,2009,28(2):39-42.

[128] 魏平,张元.一种求解选题问题的遗传算法[J].宁波大学学报(理工版),2002,15(2):47-50.

[129] 文剑冰.线性规划的离差加权模型在题库选题中的应用[D].南昌:江西师范大学,1998.

[130] 谢小庆,许义强.HSK(初中等)题库与试卷生成系统[J].世界汉语教学,1999(3):37-42.

[131] 薛方,苏虞磊.基于改进遗传算法的试卷生成算法研究[J].现代电子技术,2010(6):33-38.

[132] 余嘉元.经典测量理论和项目反应理论的比较研究报告[J].南京师大学报(社会科学版),1989(4):93-100.

[133] 余嘉元.项目反应理论中若干模型的比较[J].心理学报,1990(1):30-34.

[134] 余嘉元.项目反应理论及其应用[M].南京:江苏教育出版社,1992.

[135] 余嘉元主编.当代认知心理学[M].南京:江苏教育出版社,2001.

[136] 余嘉元.基于人工神经网络的一种效度凭证求取方法[J].心理学报,2005,37(4):555-560.

[137] 余嘉元,汪存友.基于神经网络的项目参数估计方法[J].计算机科学,2008,35(3): 134-136.

[138] 余嘉元.基于遗传算法的模糊综合评价在心理测量中的应用[J].心理学报,2009,41(10): 1015-1022.

[139] 余嘉元,田金亭,朱强忠.计算智能在心理学中的应用[J].山东大学学报(工学版),2009, 39(1):1-5.

[140] 余嘉元.基于神经网络集成的 IRT 参数估计[J].江南大学学报(自然科学版),2009,8(5): 505-508.

[141] 余民宁.试题反应理论的介绍[J].研习资讯,2004,9(1):5-9.

[142] 余民宁.试题反应理论(IRT)及其应用[M].台北:心理出版社,2009.

[143] 杨青.基于遗传算法的试题库自动选题问题的研究[J].济南大学学报(自然科学版), 2004,18(3):228-231.

[144] 杨佳,许强.一种新的量子蚁群优化算法[J].中山大学学报(自然科学版),2009,48(3): 22-26.

[145] 杨荣华.量子粒子群算法求解整数规划的方法[J].科学技术与工程,2011,33(11): 8195-8202.

[146] 叶志伟,郑肇葆.蚁群算法中参数 α、β、ρ 设置的研究:以 TSP 问题为例[J].武汉大学学报 (信息科学版),2004,29(7):598-601.

[147] 尹红卫,刘云如,易叶青.一种改进的遗传算法及其在组卷系统中的应用[J].现代计算机, 2006,235(5):66-70.

[148] 左晓霞.遗传算法的一些特性研究及其在试卷选题系统中的应用[D].太原:太原理工大 学,2010.

[149] 周艳聪,刘艳柳,顾军华.小生境自适应遗传模拟退火智能组卷策略研究[J].小型微型计 算机系统,2011(2):324-326.

[150] 周新莲,丁树良.计算机选题系统的设计[C]//1999 全球华人计算机教育大会会议集, 1999:159-164.

[151] 周文举.一种基于知识点的遗传算法选题的改进应用[J].山东师范大学学报,2006,21 (3):28-30.

[152] 周维柏,李蓉.基于蚁群算法的选题策略[J].微计算机应用,2010,31(6):15-19.

[153] 詹士昌,徐婕,吴俊.蚁群算法中有关算法参数的最优选择[J].科技通报,2003,19(5):

381-385.

[154] 张维,何蓉,李支尧.基于参数估计的遗传算法选题研究[J].云南民族大学学报(自然科学版),2009,18(3):276-278.

[155] 张建国.基于 IRT 的自动选题算法模型研究[J].软件导刊,2009,8(8):53-55.

[156] 张志平.智能选题系统中遗传算法的研究与设计[D].上海:同济大学,2007.

[157] 张辰,张艳群.基于遗传和模拟退火算法的自动组卷系统设计与实现[J].计算机工程与科学,2004,26(11):65-68.

[158] 张晋军.新汉语水平考试(HSK)题库建设之我见[J].中国考试,2013,4:22-27.

[159] 张凯.语言测验和乔姆斯基理论[J].世界汉语教学,1998,44(2):77-83.

[160] 张文彤,董伟.SPSS 统计分析高级教程[M].北京:高等教育出版社,2004:39-40.

附　　录

附录1　遗传算法伪代码(部分)

```
%% 加载数据
load data.mat；
topicParam＝data{1}；%第一个题库
totalN＝7000；%总题数
numPerTopic＝1000；%每种题目题数
numSelectPerTopic＝[15,15,20,10,10,10,20]；%每种题型选择的题数
d＝0.01；
%% 定义遗传算法参数
sizepop＝20；          %个体数目(Number of individuals)
MAXGEN＝20；          %最大遗传代数(Maximum number of generations)
GGAP＝0.98；          %代沟(Generation gap)
Pc＝0.9；             %交叉概率
Pm＝0.05；            %变异概率
trace＝zeros(1,MAXGEN)；
pi0＝0.6；
%% 初始化种群
Chrom＝InitPop(sizepop,numPerTopic,numSelectPerTopic)；
%% 求种群个体的适应度值,和对应的十进制值
[FitnV]＝FitnessFunction(topicParam,Chrom,pi0,0,d)；     % 使用目标函数计算适应度
%% 记录最佳个体
[gBestFit,index]＝max(FitnV)；     % 找出最大值
gBest＝Chrom(index,:)；
```

```matlab
trace(1,1)=gBestFit;
fprintf('%d   %s\n',1,num2str(gBestFit));
%% 进化
for gen=2:MAXGEN
    %% 选择
    fitness= ranking(-FitnV');
    SelCh=Select(Chrom,fitness,GGAP);
    %% 交叉操作
    SelCh=Recombin('xovsp',SelCh,Pc);
    %% 调整个体
    SelCh=adjustPop(SelCh,numPerTopic,numSelectPerTopic);
    %% 变异
    SelCh=Mutate(SelCh,Pm,numPerTopic,numSelectPerTopic);
    %% 重插入子代的新种群 替换 FitnV 小的个体
    Chrom=Reins(Chrom,SelCh,-FitnV);
    %% 使用目标函数计算适应度
    [FitnV]=FitnessFunction(topicParam,Chrom,pi0,0,d);
    [bestfitness,newbestindex]=max(FitnV);     % 找到最佳值
    %% 记录最佳个体到 best
    if bestfitness>gBestFit
        gBestFit=bestfitness;
        gBest=Chrom(newbestindex,:);
    end
    trace(gen)=gBestFit;
    %提示进化代数
    fprintf('%d   %s\n',gen,num2str(gBestFit))
end

%% 画进化曲线
plot(1:MAXGEN,trace);
title('进化过程');
xlabel('进化代数');
ylabel('每代的最佳适应度');
```

```
%% 显示优化结果
disp(['最优解组合:',num2str(gBest)])
disp(['最大信息量值:',num2str(gBestFit)]);
fitness1 = Objfunction(topicParam,gBest,pi0,d)
fitness2 = Objfunction(topicParam,gBest,pi0,-d)
```

附录 2 量子遗传算法伪代码(部分)

```
%% 加载数据
……
%--------------参数设置--------------
MAXGEN = 20;                        % 最大遗传代数
sizepop = 20;                       % 种群大小
lenchrom = 100;           % 变量长度 100 道题%题库数
theta = 0.6;
best = struct('fitness',0,'decimal',[],'chrom',[]);  % 最佳个体 记录其适应度值、十进
制值编码、量子比特编码
%% 初始化种群
chrom = InitPop(sizepop * 2,lenchrom);
%% 对种群实施一次测量 得到十进制编码
decimal = collapse(chrom,numPerTopic,numSelectPerTopic);
%% 求种群个体的适应度值,和对应的十进制值
[fitness] = FitnessFunction(topicParam,decimal,theta);        % 使用目标函数计算
适应度
%% 记录最佳个体到 best
[best.fitness bestindex] = max(fitness);     % 找出最大值
best.decimal = decimal(bestindex,:);
best.chrom = chrom(2 * bestindex - 1:2 * bestindex,:);
trace(1) = best.fitness;
fprintf('%d\n',1)
%% 进化
for gen = 2:MAXGEN
```

```
    fprintf('%d   %s\n',gen,num2str(best.fitness))   %提示进化代数
    %% 对种群实施一次测量
    decimal = collapse(chrom,numPerTopic,numSelectPerTopic);
    %% 计算适应度
    [fitness] = FitnessFunction(topicParam,decimal,theta);     % 使用目标函数计算
适应度
    %% 量子旋转门
    chrom = Qgate(chrom,fitness,best,decimal,numPerTopic);
    [newbestfitness,newbestindex] = max(fitness);     % 找到最佳值
    % 记录最佳个体到 best
    if newbestfitness>best.fitness
        best.fitness = newbestfitness;
        best.decimal = decimal(newbestindex,:);
        best.chrom = chrom([2 * newbestindex - 1:2 * newbestindex],:);
    end
    trace(gen) = best.fitness;
end


%% 画进化曲线 显示优化结果
......
```

附录3   粒子群算法伪代码(部分)

```
%% 加载数据
......
%% 粒子群参数设置
%学习因子
c1 = 1.5;
c2 = 1.5;
d = 0.01;
pi0 = 0.6;
MAXGEN = 100;   % 进化次数
sizepop = 20;         % 种群大小
```

```matlab
trace = zeros(1,MAXGEN);
%% 初始化种群
[chrom,V] = InitPop(sizepop,numPerTopic,numSelectPerTopic);
%% 求种群个体的适应度值,和对应的十进制值
[fitness] = FitnessFunction(topicParam,chrom,pi0,0,d);        % 使用目标函数计算适
应度
%% 记录最佳个体到 best
% 每个个体中的最佳个体和适应度值
pBest = chrom;
pBestFit = fitness;
% 全局个体中的最佳个体和适应度值
[gBestFit,index] = max(fitness);        % 找出最大值
gBest = chrom(index,:);
trace(1) = gBestFit;
fprintf('%d\n',1)
%% 进化
for gen = 2:MAXGEN
    fprintf('%d   %s\n',gen,num2str(gBestFit))    %提示进化代数
    %% 速度更新
    V = updateV(chrom,V,c1,c2,pBest,gBest);
    %% 种群更新
    chrom = updatePop(chrom,V);
    %% 调整个体
    [chrom] = adjust(chrom,numPerTopic,numSelectPerTopic);
    %% 计算适应度
    [fitness] = FitnessFunction(topicParam,chrom,pi0,0,d);        % 使用目标函数计
算适应度
    [bestfitness,newbestindex] = max(fitness);        % 找到最佳值
    % 记录最佳个体到 best
    if bestfitness>gBestFit
        gBestFit = bestfitness;
        gBest = chrom(newbestindex,:);
    end
    for j = 1:sizepop
```

```
        if(pBestFit(j)>fitness(j))
            pBestFit(j)=fitness(j);
            pBest(j,:)=chrom(j,:);
        end
    end
    trace(gen)=gBestFit;
end
%% 画进化曲线 显示优化结果
……
```

附录4　量子粒子群算法伪代码(部分)

```
%% 加载数据
……
%% 量子粒子群参数设置
% 加权系数
W=1;
% 学习因子
w1=1.2;
w2=0.8;
b=1;
MAXGEN=100;    % 进化次数
sizepop=20;          % 种群大小
trace=zeros(1,MAXGEN);
theta=0.6;
%% 初始化种群
chrom=InitPop(sizepop,numPerTopic,numSelectPerTopic);
%% 求种群个体的适应度值,和对应的十进制值
[fitness]=FitnessFunction(topicParam,chrom,theta);      % 使用目标函数计算适
应度
%% 记录最佳个体到 best
% 每个个体最佳
```

```
pBest = chrom;
pBestFit = fitness;
%全局个体最佳
[gBestFit,index] = max(fitness);        % 找出最大值
gBest = chrom(index,:);
trace(1) = gBestFit;
fprintf('%d\n',1)
%% 进化
for gen = 2:MAXGEN
    fprintf('%d  %s\n',gen,num2str(gBestFit))    %提示进化代数
    %% 进行进化
    [chrom] = evolve(chrom,b,pBest,gBest,numPerTopic,numSelectPerTopic);
    %% 计算适应度
    [fitness] = FitnessFunction(topicParam,chrom,theta);       % 使用目标函数计算适
应度

    [bestfitness,newbestindex] = max(fitness);       % 找到最佳值
    % 记录最佳个体到 best
    if bestfitness>gBestFit
        gBestFit = bestfitness;
        gBest = chrom(newbestindex,:);
    end
    for j = 1:sizepop
        if(pBestFit(j)>fitness(j))
            pBestFit(j) = fitness(j);
            pBest(j,:) = chrom(j,:);
        end
    end
    trace(gen) = gBestFit;
end
%% 画进化曲线 显示优化结果
……
```

附录5 蚁群算法伪代码(部分)

```
%% 加载数据
……
%─────────参数设置─────────
numVar = sum(numSelectPerTopic);
d = 0.01;
pi0 = 0.6;
%% 初始化参数
MAXGEN = 50;                        % 最大迭代次数
sizepop = 10;                       % 蚂蚁数量
%:p 表示强度衰减系数,一般取 0 - 1
rho = 0.5;                          % 信息素挥发因子
Q = 1;                              % 常系数
trace = zeros(1,MAXGEN);
Tau = ones(numPerTopic,numPerTopic);     %Tau 为信息素矩阵
R_best = zeros(MAXGEN,n);           %各代最佳路线
L_best = inf.*ones(MAXGEN,1);       %各代最佳路线的长度
L_ave = zeros(MAXGEN,1);            %各代路线的平均长度
%% 初始化种群
[chrom] = InitPop(sizepop,numPerTopic,numSelectPerTopic);
%% 求种群个体的适应度值
[fitness] = FitnessFunction(topicParam,chrom,pi0,0,d);        % 使用目标函数计算适应度
%% 初始化信息素矩阵
Tau = updateTau(numPerTopic,chrom,Tau,rho,Q,fitness);
%% 记录最佳个体到 best
%每个个体中的最佳个体和适应度值
pBest = chrom;
pBestFit = fitness;
%全局个体中的最佳个体和适应度值
[gBestFit,index] = max(fitness);     % 找出最大值
```

基于项目反应理论和量子智能算法的选题策略研究

```matlab
gBest = chrom(index,:);

trace(1) = gBestFit;

fprintf('%d\n',1)

%% 进化

for gen = 2:MAXGEN

    fprintf('%d   %s\n',gen,num2str(gBestFit))   %提示进化代数

    %% 种群更新

    chrom = updatePop(sizepop,numVar,numPerTopic,numSelectPerTopic,Tau);

    %% 调整个体

    [chrom] = adjust(chrom,numPerTopic,numSelectPerTopic);

    %% 计算适应度

    [fitness] = FitnessFunction(topicParam,chrom,pi0,0,d);              % 使用目标函数计算
适应度

    %% 初始化信息素矩阵

    Tau = updateTau(numPerTopic,chrom,Tau,rho,Q,fitness);

    [bestfitness,newbestindex] = max(fitness);       % 找到最佳值

    % 记录最佳个体到 best

    if bestfitness>gBestFit

        gBestFit = bestfitness;

        gBest = chrom(newbestindex,:);

    end

    for j = 1:sizepop

        if(pBestFit(j)>fitness(j))

            pBestFit(j) = fitness(j);

            pBest(j,:) = chrom(j,:);

        end

    end

    trace(gen) = gBestFit;

end


%% 画进化曲线 显示优化结果
...
```

附录6 量子蚁群算法伪代码(部分)

```
%% 加载数据
......
%----------参数设置----------
numVar = sum(numSelectPerTopic);
lenchrom = 100;
d = 0.01;
pi0 = 0.6;


%% 初始化参数
MAXGEN = 50;                        % 最大迭代次数
sizepop = 10;                       % 蚂蚁数量
rho = 0.5;                          % 信息素挥发因子
Q = 1;                              % 常系数
trace = zeros(1,MAXGEN);


Tau = ones(numPerTopic,numPerTopic);       %Tau 为信息素矩阵
best = struct('fitness',0,'decimal',[],'chrom',[]);  % 最佳个体 记录其适应度值、十进
制值编码、量子比特编码
%% 初始化种群
chrom = InitPop(sizepop * 2,lenchrom);
%% 对种群实施一次测量 得到十进制编码
decimal = InitPop0(sizepop,numPerTopic,numSelectPerTopic);
decimal = collapse(decimal,chrom,numPerTopic,numSelectPerTopic);
%% 求种群个体的适应度值
[fitness] = FitnessFunction(topicParam,decimal,pi0,0,d);       % 使用目标函数计算
适应度
%% 初始化信息素矩阵
Tau = updateTau(numPerTopic,decimal,Tau,rho,Q,fitness);
%% 记录最佳个体到 best
[best.fitness bestindex] = max(fitness);       % 找出最大值
```

```matlab
best.decimal = decimal(bestindex,:);

best.chrom = chrom(2 * bestindex - 1:2 * bestindex,:);

trace(1) = best.fitness;

fprintf('%d\n',1)

%% 进化

for gen = 2:MAXGEN

    fprintf('%d  %s\n',gen,num2str(best.fitness))    % 提示进化代数

    %% 对种群实施一次测量

    decimal = collapse(decimal,chrom,numPerTopic,numSelectPerTopic);

    %% 种群更新

    decimal = updatePop(sizepop,numVar,numPerTopic,numSelectPerTopic,Tau);

    %% 计算适应度

    [fitness] = FitnessFunction(topicParam,decimal,pi0,0,d);      % 使用目标函数计
算适应度

    %% 初始化信息素矩阵

    Tau = updateTau(numPerTopic,decimal,Tau,rho,Q,fitness);

    [newbestfitness,newbestindex] = max(fitness);      % 找到最佳值

    % 记录最佳个体到 best

    if newbestfitness > best.fitness

        best.fitness = newbestfitness;

        best.decimal = decimal(newbestindex,:);

        best.chrom = chrom([2 * newbestindex - 1:2 * newbestindex],:);

    end

    trace(gen) = best.fitness;

    %% 量子旋转门

    chrom = Qgate(chrom,fitness,best,decimal,numPerTopic);

end

%% 画进化曲线 显示优化结果

......
```

附录7 量子遗传算法选题结果示例(部分)

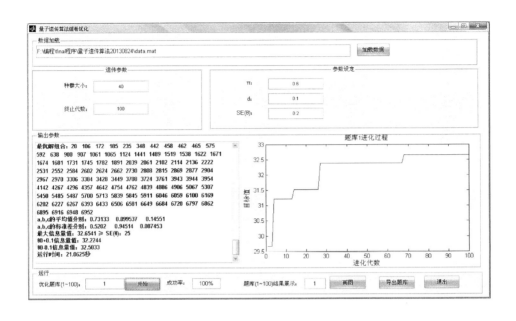

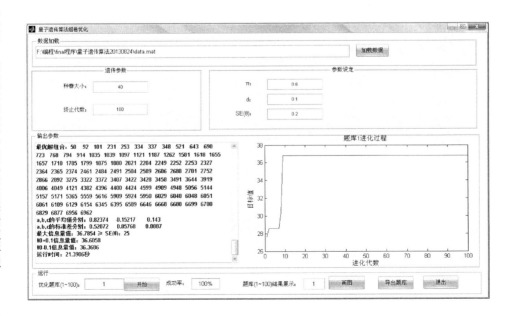

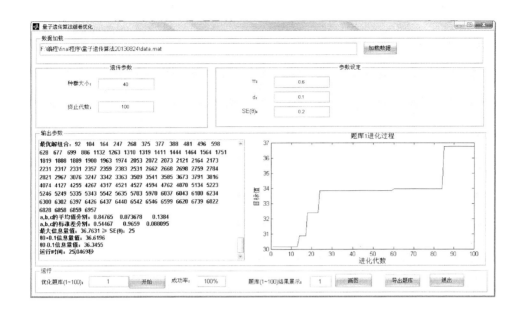

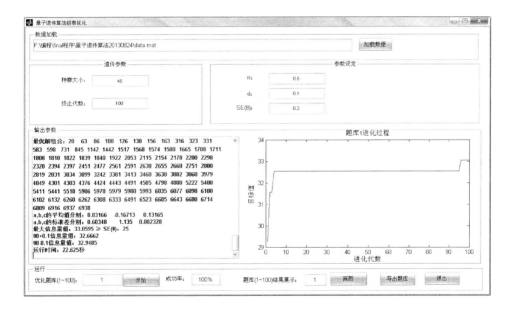

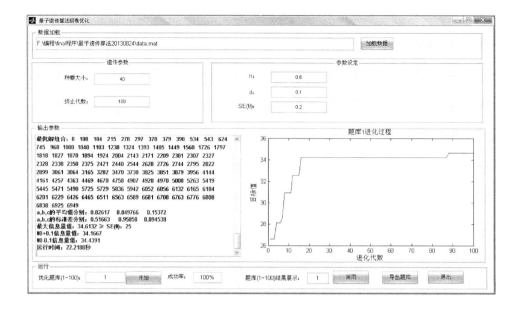

后　　记

终于写到后记部分,对此感慨颇多!

首先,我要向我的恩师余嘉元教授表达心中最诚挚的敬意,感谢他带我进入心理学的殿堂,让我领略到心理学的魅力,学习到很多最前沿的知识。感谢他对我的关心和帮助,书稿从选题、开题、写作到反复修改,都是在余老师精心指导下完成的,为了我的书稿,余老师付出了很多,牺牲了自己的休息时间,不厌其烦地帮我修改,耐心地帮我纠正。我从恩师身上学到的东西太多了,无论是严谨的治学态度,孜孜不倦追求科学的精神,还是为人处世的哲学,这些都将成为我以后人生路上的指明灯,照耀着我前行。从恩师身上,我看到了一个心理学研究者对学术研究的执着,对自己工作的敬业。在以后的人生道路上,我将铭记恩师的教诲,努力走好每一步。

其次,衷心感谢那段艰苦但充实的岁月,感谢朝夕相处、共同学习的同学朋友们,他们对我的生活和学习都给予了极大的帮助,非常热心为我解答各种问题,在我学习计算机编程的时候为我提供了诸多的帮助,在我无数次处于崩溃的边缘,他们不断地安慰鼓励我,让我走到了最后。还有我的室友,在最后那冲刺的一年,我们共同奋斗,相互鼓励,早出晚归,寒来暑往。她们都像我的亲姐妹一样,都为彼此创造出和谐而温馨的生活和学习环境,这一切都将成为我珍藏的美好回忆。

最后,衷心感谢我的家人,感谢你们对我的关心、鼓励和支持,你们是我奋斗的最大动力,无怨无悔地做我的"大后方",给我无限的支持;感谢生活曾经带给我们的磨难,让我们在起起伏伏的人生中能相互扶持走得更远。

钱锦昕

2021 年记于随园